摄影后期核心技法

PHOTOSHOP
+
ACR
+
AIGC

//////////////////////////// 郑志强 著

人民邮电出版社
北京

图书在版编目（CIP）数据

摄影后期核心技法：Photoshop+ACR+AIGC / 郑志强
著. -- 北京：人民邮电出版社，2023.12
ISBN 978-7-115-62927-2

Ⅰ. ①摄… Ⅱ. ①郑… Ⅲ. ①图像处理软件 Ⅳ.
①TP391.413

中国国家版本馆CIP数据核字(2023)第219839号

内 容 提 要

  本书聚焦 Photoshop、Adobe Camera Raw(ACR)和生成式人工智能（AIGC）技术三个主要工具，为读者介绍了一系列关于影像后期处理的核心技法。作为现今流行且强大的后期处理工具，Photoshop 和 ACR 为摄影师提供了广阔而深入的创作空间，而 AIGC 技术则为人们带来了全新的影像生成和编辑方式，从而拓宽了艺术家们的创作想象力。

  本书的目标是帮助读者深入了解这些工具的使用方法和技巧，从而在后期处理中发挥出最大的潜力。读者将学习到如何利用 Photoshop 和 ACR 的各种功能来调整曝光、对比度、色彩平衡、清晰度以及其他各种参数，以确保照片呈现出最佳的视觉效果。同时，本书还介绍了 AIGC 技术的基本原理和应用方式，读者能够轻松地利用 AIGC 技术进行图像生成、修复、风格化等操作。

  无论您是专业摄影师还是摄影爱好者，本书都将为您提供有关影像后期处理的宝贵知识和核心技法。

 ◆ 著　　　　郑志强

  责任编辑　杨　婧
  责任印制　陈　犇

 ◆ 人民邮电出版社出版发行　　北京市丰台区成寿寺路 11 号
  邮编　100164　电子邮件　315@ptpress.com.cn
  网址　https://www.ptpress.com.cn
  雅迪云印（天津）科技有限公司印刷

 ◆ 开本：700×1000　1/16
  印张：17.25　　　　　　　　　2023 年 12 月第 1 版
  字数：425 千字　　　　　　　　2023 年 12 月天津第 1 次印刷

       定价：89.00 元
读者服务热线：(010)81055296　印装质量热线：(010)81055316
反盗版热线：(010)81055315
广告经营许可证：京东市监广登字 20170147 号

目录 CONTENTS

第 4 章

影调控制原理与实战

第 5 章

调色原理与实战

第 6 章

提升照片的艺术表现力

Photoshop AI修图

CHAPTER 1

第 1 章
Photoshop软件功能分布与首选项设置

Photoshop是广受欢迎的图像编辑软件，它提供了各种强大的功能和工具，使用户能够对图像进行精确和创意处理。在本章中，我们将深入了解Photoshop软件的功能分布以及如何设置首选项来满足个人需求。

1.1 Photoshop软件功能分布

本节我们讲解Photoshop的功能设置、界面设置以及不同功能的布局。初次打开Photoshop之后，显示的是如图1-1-1所示的界面。

图1-1-1

要进行照片处理，可以用鼠标单击选中要处理的照片，将其拖动到图示区域，这样照片会自动在Photoshop中打开，如图1-1-2所示。

图1-1-2

1.1.1 配置界面布局

针对Photoshop界面，我们可以根据自己的工作性质或是使用习惯对界面进行重新配置，比如你的主要工作是进行摄影后期处理，那么就可以将软件界面配置为摄影界面。具体操作非常简单，点开"窗口"菜单，选择"工作区"，选择"摄影"，如图1-1-3所示。

图1-1-3

可以看到，界面的功能布局发生了一些变化，右上角出现了直方图面板，中间有调整库属性等面板，要使用某个面板直接单击面板标题，就可以切换到该面板。右下方是图层面板，如图1-1-4所示。这些面板可以提示或告诉我们大量的照片信息，也可以直接在这些面板中进行特定的操作，而不必切换到不同的菜单选择特定功能。

图1-1-4

在Photoshop主界面中，可以重点关注这几个板块：最上方是菜单栏，Photoshop几乎所有的功能都可以在菜单栏中找到；左侧是工具栏，在工具栏中集中了90%的Photoshop调整工具，使用时直接单击选中，然后就可以在照片中进行操作，如图1-1-5所示。

图1-1-5

在菜单栏的下方是选项栏，选择某一种工具之后可以看到选项栏也会发生变化，即这个选项栏主要是为工具进行服务的，它可以限定工具的使用方法，可以说选项栏是针对特定工具的参数限定，如图1-1-6所示。

图1-1-6

中间的区域是照片显示区，如图1-1-7所示，我们要在照片显示区的照片上进行处理操作，对照片的调整也会实时显示在照片显示区的照片上。

图1-1-7

比如要对照片进行明暗的调整，那么就可以直接在调整面板中选择"单一调整"，在其中选择"亮度/对比度"或"曲线"等功能，从而快速进入相应的调整项目，如图1-1-8所示。

最下方是照片信息栏，可以看到当前照片显示的比例以及照片的尺寸、分辨率等信息，如图1-1-9所示。

图 1-1-8

图1-1-9

　　以上介绍了Photoshop软件的界面布局，接下来我们来看一下Photoshop面板的设定。右侧的面板区域可以根据自己的使用需求设定显示的面板，并调整面板的位置、大小等，直方图是必须要开启的，如图1-1-10所示，因为它会显示照片的明暗状态。导航器这个面板一般很少使用，我们可以右键单击导航器的标题，在弹出的菜单中选择关闭，这个面板就会被关掉，如图1-1-11所示。

　　下方的库、属性等面板，如果我们不需要，也可以右键单击将其关闭，如图1-1-12所示。

图1-1-10

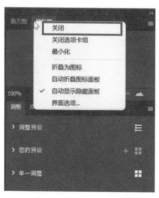

图1-1-11

图1-1-12

　　图层、通道和路径这三个面板默认保留就可以了，如图1-1-13所示。如果要切换不同的面板，直接单击该面板的标题就可以显示出面板信息，如图1-1-14所示。

　　另外，还可以单击点住某个面板的标题，进行左右拖动从而改变面板的位置，如图1-1-15所示，可以改变属性与调整面板的位置。

图1-1-13　　　　　　　　　　　图1-1-14　　　　　　　　　　　图1-1-15

　　我们还可以单击点住面板的标题进行拖动，将其拖动到其他位置，如图1-1-16和图1-1-17
所示。

图1-1-16　　　　　　　　　　　　　　　　图1-1-17

　　如果要复位，依然是点住面板标题将其拖动到想要停靠的位置，出现蓝色方框之后松开鼠标即
可，如图1-1-18和图1-1-19所示。

图1-1-18　　　　　　　　　　　　　　　　图1-1-19

1.1.2 还原初始位置

如果要复位这些面板的位置，可以单击点开"窗口"菜单，选择"工作区"，再选择"复位摄影"，这样就可以将面板恢复到初始位置，如图1-1-20和图1-1-21所示。

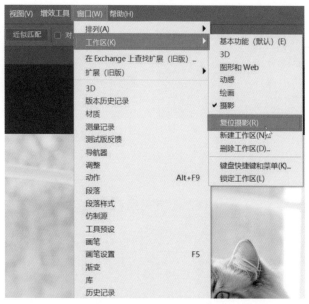

图1-1-20

图1-1-21

1.2 照片的存储设定与首选项设定

本节讲解Photoshop中照片的存储设定以及首选项设定。合理设定首选项可以帮助我们更好、更流畅地使用Photoshop，提高我们的工作效率；而对于照片的存储，并不是仅仅设定照片存储格式就可以了，我们还需要对照片的存储空间、尺寸等进行配置以符合特定的需求，并让照片显示正确的色彩，下面我们来看具体的内容。

打开Photoshop之后，当前的界面与我们第一次打开时发生了一些变化，下方出现一个最近使用项，如图1-2-1所示，之前打开过的照片的缩略图会出现在这个位置，如果要再次打开它，直接单击这张照片就可以了。

图1-2-1

如果不想显示最近使用项，可以单击点开"文件"菜单，选择"最近打开文件"，再选择"清除最近的文件列表"，就可以将下方的缩略图清除，如图1-2-2所示。

图1-2-2

1.2.1 首选项设定

下面我们来看照片的首选项设定。再次打开这张照片，单击点开菜单栏中的"编辑"，最下方可以看到"首选项"，我们在首选项中随便选择一项，如图1-2-3所示。

这样可以打开首选项对话框，如图1-2-4所示，在对话框中，可以对Photoshop的一些操作方式、照片的缓存等进行一些特定的设置。

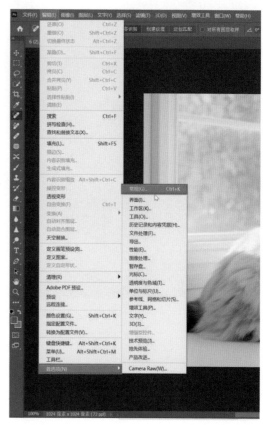

图1-2-3

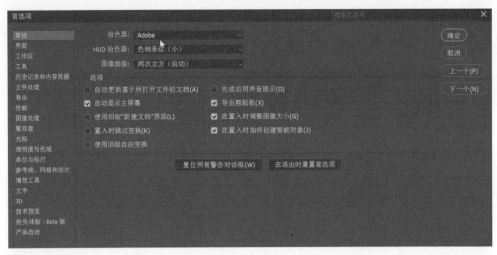

图1-2-4

　　首先来看"常规"选项卡，其中我们需要设定的主要就是"自动显示主屏幕"，默认处于勾选状态，如图1-2-5所示。

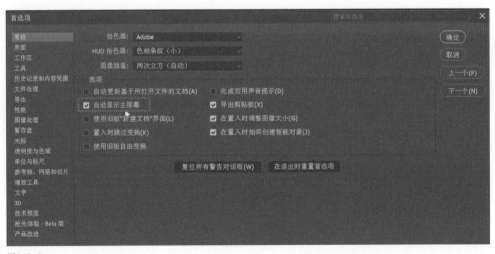

图1-2-5

　　如果取消勾选这个副选项，然后单击"确定"按钮，此时我们再次关掉照片，最初打开的主界面就没有了，会直接进入Photoshop工作界面，这是主界面功能的设定。

　　再次进入首选项，至于是否显示主屏幕，可以根据个人喜好来进行选择，很多Photoshop老用户会取消勾选这个选项，但我们建议新用户勾选。

　　接下来再来看下方的"界面"选项卡，可以看到Photoshop的颜色方案，当前的配色是深灰色，如图1-2-6所示，这个同样是根据个人喜好来进行设定的，至于下方的这些选项不建议大家调整，保持默认就可以了。

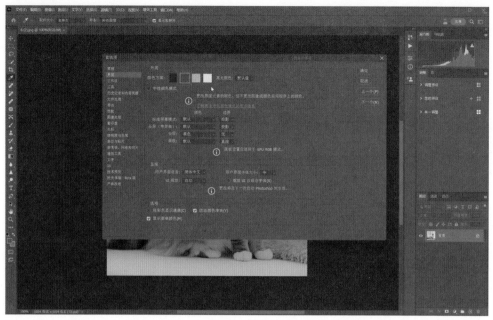

图1-2-6

第三个"工作区"选项卡，建议大家保持默认。第四个"工具"选项卡，需要重点注意的有两个功能，第一个是"显示工具提示"，第二个是"显示丰富的工具提示"，如图1-2-7所示。勾选之后，我们将鼠标移动到某一个工具上，Photoshop会自动提供一段动画，演示这个工具的使用方法，这对于初学者来说是比较友好的，但对于有一定经验或是资深的修图爱好者来说，这种演示会影响我们的工作，所以大家可以根据自己的Photoshop水平来进行设定。

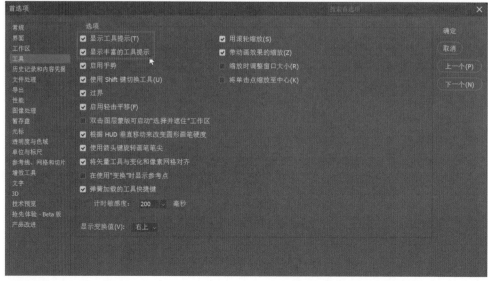

图1-2-7

下方的"使用Shift键切换工具"，是在我们使用某些工具时，如果要切换其他工具可以按住Shift键，直接切换到另外一种工具上，建议初学者暂时不要改变这个功能的设定，如图1-2-8所示。

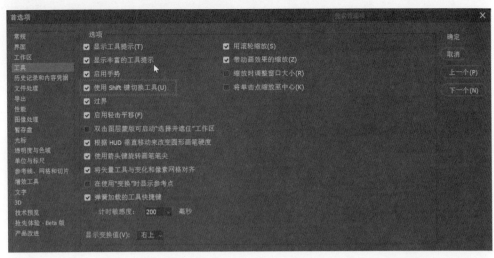

图1-2-8

最后一个比较重要的功能是"用滚轮缩放"，如图1-2-9所示，只要我们勾选这个副选项，然后单击确定按钮回到Photoshop主界面，我们转动鼠标滚轮就可以放大或缩小照片的显示，建议大家勾选这个选项，操作起来会非常方便。

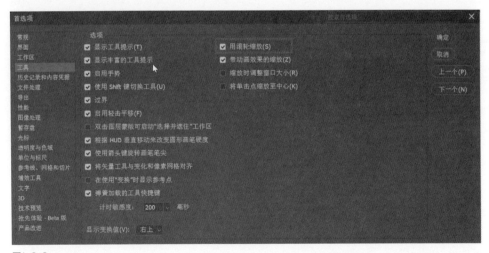

图1-2-9

"历史记录和内容凭据"选项卡界面中的大部分功能没有必要进行调整，保持默认就可以了。

在"文件处理"选项卡中，我们要注意下方的"启用旧版存储为"，如图1-2-10所示。Photoshop新版本的改变非常大，如果大家感觉不实用，可以勾选"启用旧版存储为"，这样在存储照片时，就可以将界面变为更熟悉的界面显示了。

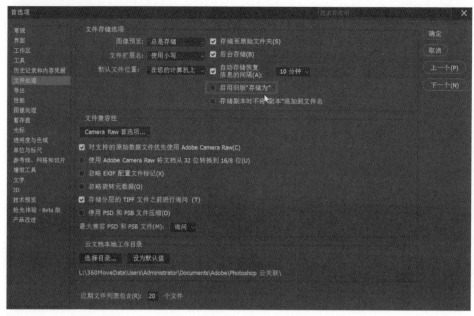

图1-2-10

下方的"使用Adobe Camera Raw将文档从32位转换到16/8位",如图1-2-11所示,它是指我们在处理Raw格式文件时将Camera Raw插件的默认设置改为16位或8位,这样会自动对文件的信息进行压缩,所以不建议大家勾选。即便你是新手,随着我们后续的讲解,你也能够掌握这个知识点,而不建议现在直接更改,这会导致我们打开原始的Raw格式文件时直接出现信息的压缩,即色彩或明暗信息的丢失。

图1-2-11

"导出"这个选项卡不建议大家进行设定，因为我们在存储照片时一般不使用导出命令，主要使用的是存储为命令。当然，上方的"快速导出格式"这个选项可以重选为JPG格式，品质可以提高到10左右，如图1-2-12所示。

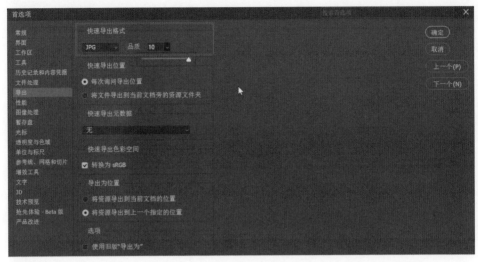

图1-2-12

　　在"性能"选项卡中，重点要关注的是内存使用情况，一般建议大家将"让Photoshop使用"后面的百分比设定到70%~90%。如果你的计算机的内存比较小，比如只有8G，那么建议设定到90%；如果内存比较大，可以设定到70%左右。后方的"图形处理器设置"，如果你的电脑是独立显卡，那么建议勾选这个副选项，如图1-2-13所示。

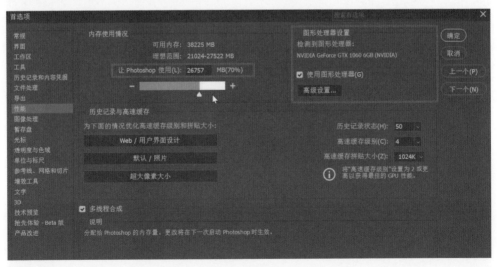

图1-2-13

　　在"性能"选项卡中，我们可以改变"历史记录状态"，默认设置为50，但我们可以将其设定为200~300。这是指它可以记录我们对照片所进行的操作步骤数。在进行大量操作后，如果发现有问题，我们可以回溯到之前的历史记录。下面是"高速缓存级别"选项，对于初学者来说，保持默认的"4"就可以了。这个选项的意思很简单，它显示了当前照片的所有色彩和明暗信息，并显示在右上角的直方图中。当我们调整照片的明暗或色彩时，直方图也会相应地地发生变化，这是一个同步的过程。然而，如果像素非常高，实时计算直方图并显示波形会占用系统资源。因此，引入了高速缓存选项。在默认情况下，直方图对照片进行采样，高速缓存级别越高，采样率就越低，以确保快速运行。但直方图与照片的对应关系就不那么准确。将高速缓存级别设定为"1"时，直方图与照片完全对应，虽然能够准确显示照片的状态，但会占用大量资源。因此，保持默认的"4"就可以了。其他选项无需进行过多设置，如图1-2-14所示。

图1-2-14

　　"图像处理"这个界面直接保持默认就可以了，如图1-2-15所示。

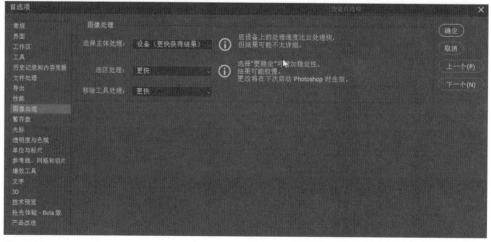

图1-2-15

下一个需要注意的是"暂存盘"，在这个选项卡中建议大家勾选2~3个暂存盘，如图1-2-16所示。对照片进行处理的过程会实时存储在暂存盘中，如果我们处理的照片数据量非常大，而暂存盘已经满了，就会导致我们的处理无法保存、前功尽弃，建议大家多勾选几个暂存盘，这样一个暂存盘满了，会存到第二个暂存盘，保证操作不会中断。

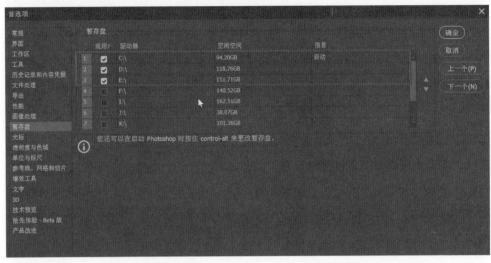

图1-2-16

对于Photoshop首选项的设置主要就是以上这些了，设置好后，直接点击"确定"按钮完成操作即可。

1.2.2 直方图设定

我们还要注意另外一个选项，就是直方图的设定，可以看到当前的直方图非常小、非常紧凑，如图1-2-17所示。

单击直方图右上角，会打开一个折叠菜单，在这个菜单中，我们选择"扩展视图"，如图1-2-18所示，可

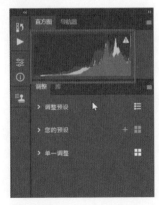

图1-2-17

图1-2-18

以看到当前的直方图下方显示
出了更多的信息，如图1-2-19
所示。

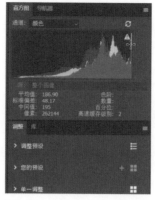 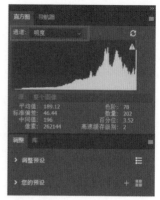

我们还可以对直方图的通
道进行设置，比如选择明度，
那么就只显示照片的明暗直方
图，如图1-2-20所示。

1-2-19　　　　　　　　　　　　图1-2-20

1.2.3　存储设定

接下来我们再来看照片的存储设定。打开照片，对照片进行过特定的处理之后，接下来就可以
对照片进行保存了。保存照片时，首先要配置照片的色彩空间，只有设置合理的色彩空间，照片才能
够显示正确的色彩了，点开菜单栏中的"编辑"，选择"转换为配置文件"，如图1-2-21所示。

图1-2-21

在打开的"转换为配置文件"对话框中，设定的主要是"目标空间"，"目标空间"的"配置
文件"通常要设置为sRGB，如图1-2-22所示。很多时候照片的默认色彩空间是Adobe RGB，虽然色
彩范围更广泛，但是它的兼容性不是很好，在计算机上显示一种色彩，在手机上可能会显示另外一种
色彩，所以我们如果仅仅是为了在计算机或手机上浏览照片，建议大家不要选择这种色彩空间。那什

么时候使用这种色彩空间呢？如果照片要进行印刷或是打印时，可以设置为Adobe RGB色彩空间。

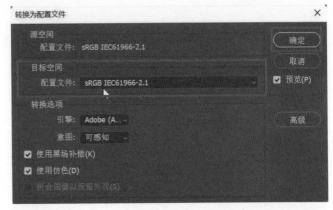

图1-2-22

这里我们将目标空间配置文件设定为sRGB然后单击点开菜单栏中的"文件"，选择"存储为"，如图1-2-23所示，打开"存储为"对话框，选择一个存储位置，可以看到下方配置文件是sRGB，"保存类型"，90%的情况下我们需要设定为JPEG格式，这是一种兼容性最好，照片显示效果非常好，并且也最常用的一种照片格式，它兼顾了更好的照片显示性能与合适的存储空间大小。设置好存储位置、文件名，以及保存类型之后，单击"保存"，如图1-2-24所示。

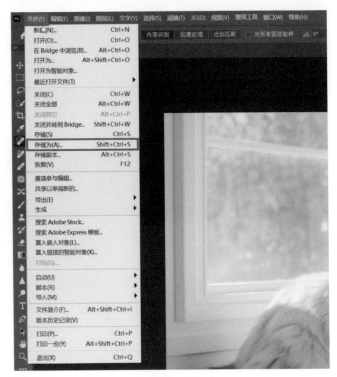

图1-2-23

此时会弹出"JPEG选项"面板，我们可以设定照片的品质，"照片品质"从0到12，总共有13个级别，级别越高照片的品质会越好。推荐大家设定10、11这两种级别，没必要设定最高的12，因为会占更大的存储空间，而如果低于10照片画质又比较差，所以综合起来可以设置为10或11。设定好之后单击"确定"按钮，这样就将照片保存了，如图1-2-25所示。

图1-2-24

图1-2-25

CHAPTER 2

第2章
照片批处理的两种技巧

照片批处理是指同时对一组照片应用相同的编辑或处理操作。它可以帮助用户快速地对多张照片进行统一调整和处理，从而节省时间并确保一致性。本章讲解照片批处理的两种技巧，以帮助您更加高效地处理大量的照片。

2.1 Photoshop批处理照片

　　本节讲解照片批处理的技巧。如果面对大量同类型的照片要进行同样的处理，比如批量的明暗处理、批量的大小尺寸缩放等，单一照片逐张处理非常没有效率，浪费大量时间，借助软件的批处理功能就可以快速完成照片的批量处理，从而节省时间提高效率，下面通过具体的案例来进行介绍。

　　在进行批处理之前，首先打开要进行批处理的照片文件夹，点击照片可以看到当前照片的分辨率，如图2-1-1所示，照片的大小比较大，占用非常大的空间，这样在上传到某些网站时会受到限制。

图2-1-1

　　所以接下来我们要将这一批照片都进行尺寸缩小，将长边缩至2500左右，宽边会自动由软件根据原照片的长宽比进行设定。鼠标单击点住任意一张照片将其拖动到Photoshop中，在Photoshop中将其打开，如图2-1-2所示。

图2-1-2

2.1.1 批处理动作录制

现在我们准备批处理动作的录制，录制好动作之后，所有的照片都可以按照这个动作来执行，即完成批处理的操作。动作的录制比较简单，点开菜单栏中的"窗口"，选择"动作"，如图2-1-3所示，打开动作面板，在动作面板右下角单击"创建新动作"按钮，如图2-1-4所示，打开新建动作对话框。

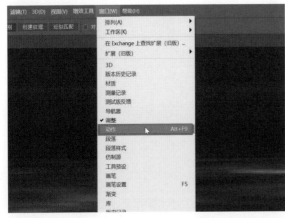

图2-1-3

图2-1-4

可以看到当前的默认名称是"动作1"，我们没有必要做太多改变，直接单击"记录"按钮，如图2-1-5所示，在动作面板下方可以看到有一个红色的按钮，表示已经开始了动作的录制，如图2-1-6所示。

这时我们就可以对照片进行尺寸的缩小了。单击点开菜单栏中的"图像"，选择"图像大小"，如图2-1-7所示，打开图像大小对话框，如图2-1-8所示。

图2-1-5

图2-1-6

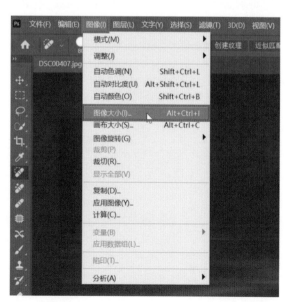

图2-1-7

在"图像大小"中，将宽度设定为2500像素，设定宽度之后，可以看到高度，软件会根据原照片的长宽比进行设置，当然这里有一个前提，就是前方的"锁定长宽比"这个选项已经被激活，如图2-1-9所示。

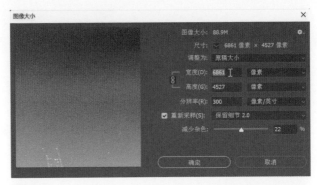

图2-1-8

图2-1-9

如果我们对"锁定长宽比"进行解锁，当我们再次改变宽度时，高度是不会发生变化的，如图2-1-10所示。所以要注意，在改变照片尺寸时一定要按下"锁定长宽比"这个按钮"。将照片的宽度改为2500之后，单击"确定"按钮，这样我们就完成了对这张照片尺寸的缩小，如图2-1-11所示。

图2-1-10

图2-1-11

点开菜单栏中的"文件"选择"存储为",将照片保存到文件夹中,然后单击"保存",至此我们就完成了整个动作的录制,如图2-1-12和图2-1-13所示。

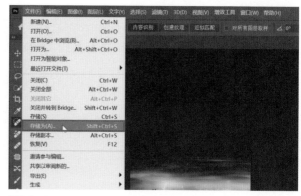

图2-1-12

图2-1-13

然后单击"停止播放/记录"这个按钮,如图2-1-14所示。

图2-1-14

2.1.2 批处理操作

接下来就可以直接进行批处理操作了，点开"文件"菜单，选择"自动"，选择"批处理"，如图2-1-15所示。打开批处理对话框，如图2-1-16所示，其中可以看到，当前的动作已经选定了"动作1"，也就是我们刚刚录制的动作。

图2-1-15

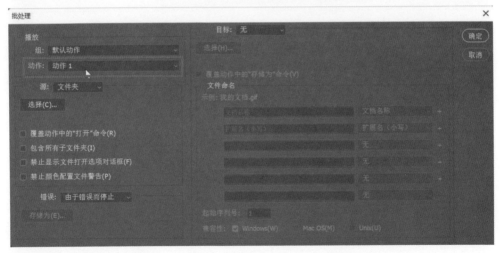

图2-1-16

然后在源文件夹里单击"选择"，如图2-1-17所示，找到要进行批处理的文件夹，单击选中该文件夹，如图2-1-18所示。

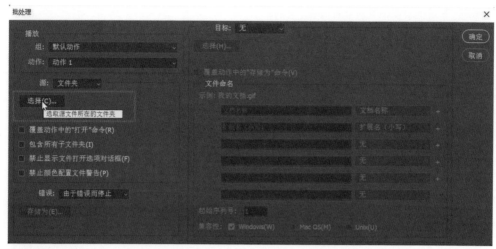

图2-1-17

图2-1-18

　　这样就可以将要进行批处理的所有照片都载入到Photoshop目标文件夹了。我们要注意，选中文件夹，就是要将批处理之后的照片存到特定的文件夹中，特定的文件夹我们已经准备好了，单击选择，如图2-1-19所示。

图2-1-19

设定好之后单击"确定"，软件就会进行批处理的操作。实际上我们在进行批处理时，还可以对下方的这些文件名、序列号等进行一些修改，如不进行修改操作，直接点击"确定"即可。

2.2 ACR批处理照片

借助Photoshop，我们可以完成照片的批处理操作，但实际上，还有一种更简单或者说更好用的照片批处理工具，那就是Photoshop中内置的Adobe Camera，简称ACR，这个工具最主要的目的是针对相机拍摄的Raw格式文件进行处理。

依然以之前我们处理过的这组照片为例，如图2-2-1所示，下面我们借助ACR对这组照片进行简单的明暗处理，并对照片的尺寸进行批处理。

图2-2-1

2.2.1 Camera Raw首选项设定

如果我们要在ACR中同时打开多张JPG格式的照片，需要进行特殊的设定。单击点开"编辑"菜单，选择"首选项"，选择"Camera Raw"，这样会打开"Camera Raw首选项"，如图2-2-2和图2-2-3所示。

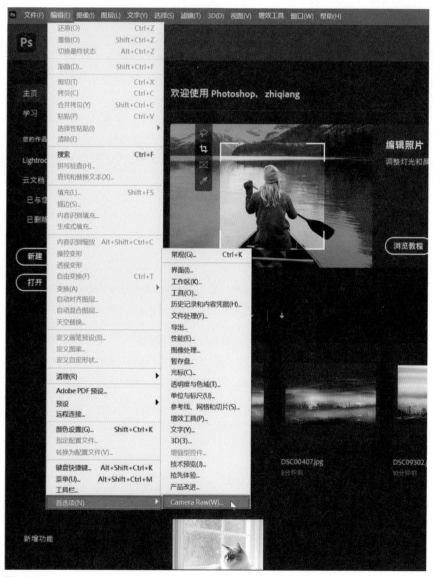

图2-2-2

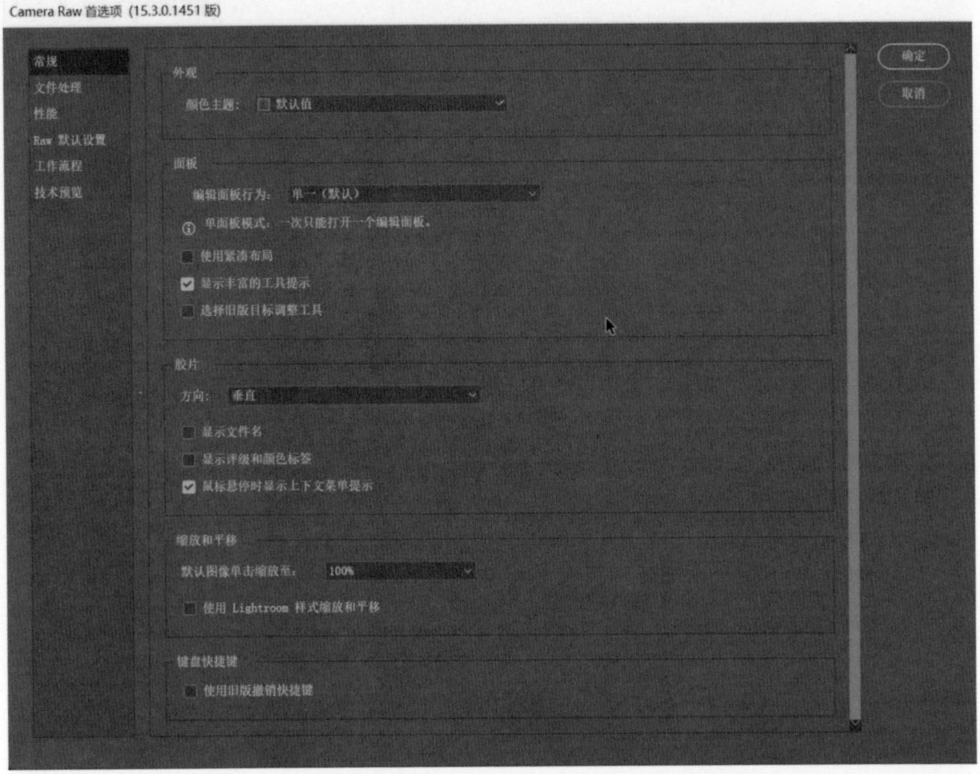

Camera Raw 首选项 (15.3.0.1451 版)

图2-2-3

切换到"文件处理"选项卡,在"JPEG和TIFF处理"后的列表中,选择"自动打开所有受支持的 JPEG",这样我们在打开多张JPEG格式的照片时会同时载入ACR,单击"确定",如图2-2-4所示。

Camera Raw 首选项 (15.3.0.1451 版)

图2-2-4

找到要进行批处理的照片,将其全部选中,单击点住将其拖入Photoshop,如图2-2-5所示。

图2-2-5

2.2.2 ACR批处理

此时所有的JPEG格式照片会被同时载入ACR中，在左侧的列表中可以看到打开的多张照片，如图2-2-6所示。

图2-2-6

右键单击某一张照片，在弹出的菜单中选择"全选"，如图2-2-7所示。

图2-2-7

然后在右侧的面板中对这些照片进行批量处理，比如适当降低高光的值，提高曝光值，降低黑色的值，对照片进行简单的处理，这样左侧的所有照片都会被进行同样的处理，如图2-2-8所示。

图2-2-8

接下来再对照片进行保存，单击右上角的"保存"按钮，如图2-2-9所示。在打开的菜单中，首先要选择"在新位置存储"，如图2-2-10所示，然后找到要存储的文件夹。

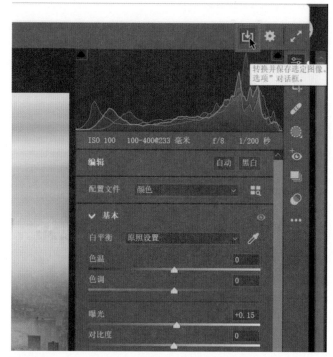

图2-2-9

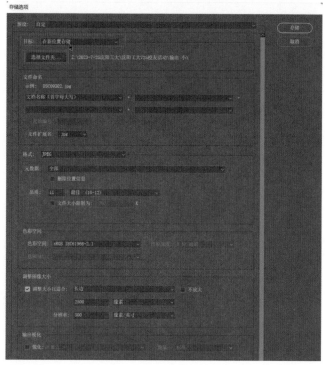

图2-2-10

存储时可以设定文件扩展名、照片格式、照片品质等。"调整大小以适合"这个副选项要勾选，然后在列表中选择长边，将长边设定为2500像素，高边会由软件根据原照片的长宽比进行限定。这样我们就完成了设定。单击"存储"，如图2-2-11所示。

等待一段时间之后就完成了这组照片的批处理操作，最后单击"完成"或"取消"均可退出ACR，如图2-2-12所示。

使用ACR进行照片的批量处理其实会更高效一些，因为没有必要进行动作的录制，并且可以很方便地对照片的明暗、锐度、大小尺寸等进行批量的处理。在实际应用当中，大家可以根据自己的习惯来选择合适的批处理工具。

虽然Photoshop要进行批处理的操作需要提前录制动作，但是在Photoshop中可以使用一些类似图层蒙版等功能对照片进行更复杂的处理，在ACR中则不可以。所以说不同的批处理方式有各自的优缺点，大家应该根据自己的使用习惯和实际的批处理需求，来选择不同的批处理方式。

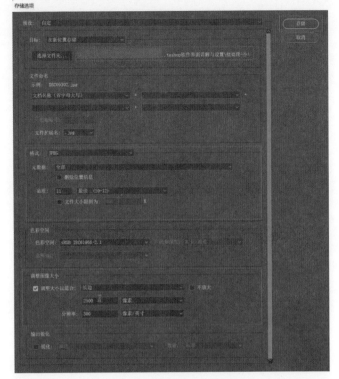

图2-2-11

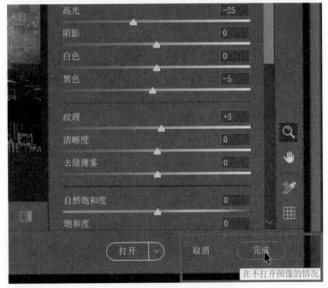

图2-2-12

CHAPTER 3

第3章
摄影后期修片的基
本套路

在本章中，我们将介绍摄影后期修片的基本套路。摄影后期修片是指将原始照片通过软件处理和编辑，以达到更好的视觉效果和表现力的过程。它是提高照片质量和吸引力的关键步骤，无论是对个人爱好者还是专业摄影师来说都至关重要。

3.1 用图层以及蒙版修片

本节讲解的是数码照片后期处理的逻辑，很多照片整体上给人的观感可能还可以，但达不到非常完美的程度，之所以有这种问题存在，主要是因为照片的某些局部是有问题的，换句话说，数码照片后期处理真正的核心在于照片局部的处理。

照片局部处理需要使用到图层以及蒙版这两个功能，通过这两个功能的搭配使用完成对照片局部的优化，最终照片的整体效果就会变得更好，下面我们通过具体的案例来进行演示。

3.1.1 打开照片

首先在Photoshop中打开RAW格式文件，这样会自动载入ACR中，如图3-1-1所示。

图3-1-1

我们在ACR中对照片进行一个基本的影调层次和色彩的优化，将照片"复位为默认值"，如图3-1-2和图3-1-3，可以看到原图比较灰色彩也比较暗淡。

图3-1-2

图3-1-3

经过整体的处理之后，细节比较丰富，影调层次也变得更理想了，色彩也变得协调，但观察当前的照片会发现，右上角的光线部分发灰、发白，如图3-1-4所示，这是不合理的，因为通常来说光源的位置应该是偏暖的，有一些暖意的光线会让画面的表现力更强，这就是局部存在问题，导致画面整体效果不够理想。

图3-1-4

对照片整体进行优化后，单击"打开"，将照片在Photoshop中打开，如图3-1-5所示。

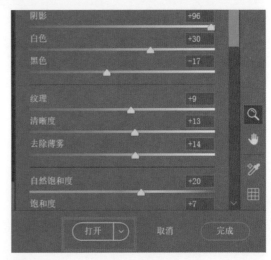

图3-1- 5

3.1.2 色彩平衡

一个图层对应的就是一张照片，我们可以认为图层是照片的缩略图，对照片的一些整体操作就可以在图层上来实现。对于这张照片，我们要将右上角的色彩调暖，可以按Ctrl+J组合键复制图层，然后对上方的图层进行色彩调整，让画面的色彩变得暖一些，如图3-1-6所示。

图3-1-6

调整时可以使用色彩平衡这个功能，单击点开"图像"菜单，选择"调整"，选择"色彩平衡"，如图3-1-7所示。向右拖动红色滑块增加红色，向左拖动黄色滑块增加黄色，可以看到此时画面整体都变暖了，调整完毕之后单击"确定"，如图3-1-8所示。

图3-1-7

图3-1-8

上方的图层是调整之后的画面，下方的图层是原始的照片，如图3-1-9和图3-1-10所示。

图3-1-9

图3-1-10

3.1.3 图层蒙版

蒙版可以将其理解为蒙在照片上的一层板子，我们可以通过蒙版的变化来对它所附着的这个图层进行限定。单击选中上方的调色之后的这个图层，然后单击"创建图层蒙版"按钮，可以为上方的这个图层创建一个图层蒙版，如图3-1-11和图3-1-12所示。

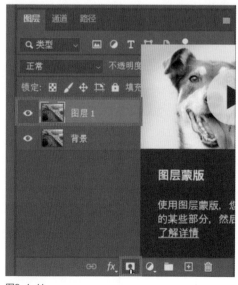

图3-1-11

图3-1-12

我们想要保留的只是右上角的这个区域，这时就可以选择画笔工具，将不透明度调到100%，将流量调到100%，然后在英文输入法状态下，按键盘上向左或向右的中括号键改变画笔笔刷的大小，如图3-1-13所示。

图3-1-13

在上方这个图层的其他区域，单击点住鼠标进行拖动擦拭，可以看到蒙版上被擦拭的区域变黑了，因为这个区域被我们涂黑了，如图3-1-14所示。被涂黑的部分就被遮挡了起来，露出了下方图层的部分，从这个效果的变化我们就可以知道蒙版的作用，白色显示当前图层，而黑色会遮挡当前图层。

图3-1-14

如果觉得擦拭与未擦拭区域的过渡有些生硬，可以双击"蒙版"图标，在打开的属性面板中提高羽化值，让过渡更柔和，效果就更自然一些，如图3-1-15所示。

图3-1-15

这样就实现了照片的局部调整，可以对比原图跟处理之后的效果。单击上方图层前的小眼睛图标，隐藏上方图层，如图3-1-16所示，再次点击将其显示出来，如图3-1-17所示，可以看到画面右上方被渲染成了暖色调的光线。

图3-1-16

图3-1-17

这是照片局部调整的最基本逻辑，当前这种处理方法比较繁琐，我们要先复制图层，对上方图层进行调色，然后再对上方图层创建图层蒙版。实际上还有一种更简单的方法，就是使用调整图层。我们之所以讲当前这种方法，是为了让大家了解蒙版的概念以及蒙版黑白变化所带来的改变。

3.2 用蒙版调整图层修片

本节讲解更简单的照片局部调整方法，也就是用蒙版调整图层来进行修片。在Photoshop中打开照片，如图3-2-1所示。

在调整面板中，单击展开下方的"单一调整"，在其中选择"色彩平衡"，这样就创建了一个色彩平衡的蒙版调整图层，并且打开了色彩平衡调整的面板，如图3-2-2和图3-2-3所示。

图3-2-1

图3-2-2

图3-2-3

　　向右拖动红色滑块，向左拖动黄色滑块，为画面整体渲染上一种偏橙的色调，然后收起色彩平衡调整面板，如图3-2-4所示。

图3-2-4

　　此时可以看到蒙版所附着的色彩平衡调整完全显示了出来，因为白色表示显示的是当前图层的调整效果，如图3-2-5所示。

图3-2-5

这个时候如果我们只想要画面右上方的局部显示出来，其他区域隐藏，露出下方原照片的色彩，可以选择画笔工具，将前景色设为黑色，然后在其他区域上进行擦拭，用黑色将当前图层的调整效果遮挡起来，因为擦拭与未擦拭区域的过渡比较生硬，我们同样双击蒙版图标，在打开的属性面板中提高羽化的值，从而让调整与未调整区的过渡平滑起来，如图3-2-6所示。

图3-2-6

这样就完成了照片的局部调整。一般来说，上方带蒙版的调整图层就可以称为"蒙版调整图层"，如图3-2-7所示。

照片的后期明暗以及色彩调整，往往都要使用这种蒙版调整图层来实现，当前我们进行的是色彩平衡调整，后续还会讲解曲线调整、黑白调整、自然饱和度调整、饱和度调整以及可选颜色调整等。

本章要注意的是黑白蒙版的变化对于调整区域的限定，进行照片调整主要使用蒙版调整图层，掌握了这种方法就掌握了后期修图的基本操作逻辑和方式。

图3-2-7

CHAPTER **4**

第**4**章
影调控制原理
与实战

在摄影后期修片中，对于影调的控制是至关重要的。影调决定了照片的明暗、亮度、对比度以及整体色调等方面。掌握影调控制的原理和技巧，可以帮助我们精确地调整照片的外观和视觉效果。本章将介绍影调控制的基本原理，并通过实战案例帮助大家理解和应用这些概念。

影调控制的尺子：256级亮度

本节我们讲解如何用准确的数字来表达照片的明暗，与直接用明或暗描述照片不同，用数字表达照片的明暗非常准确，有助于我们在后期修片时对照片进行描述。

首先我们应该知道一个常识，如图4-1-1所示，计算机是二进制的，在每一个存储单元，或说是每一个位置上都有0和1两种变化，如果有8个存储单元，那么能够表现出的变化就是2^8，如果有10位表现出的变化就是2^{10}。

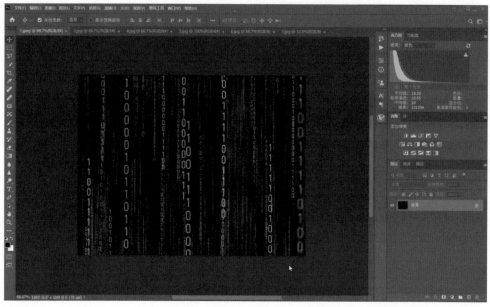

图4-1-1

在我们后期修图时，一般的照片都是8位的，在描述明暗时能够表现出的明暗变化是2^8，也就是总共256级的明暗，借助这256级明暗能够让照片从纯黑到纯白有平滑的层次过渡，如图4-1-2所示，纯黑用全是0的8位二进制表示，纯白用全是1的8位二进制表示。

由二进制过渡到十进制，如图4-1-3所示，可以将8位二进制的0用0级亮度来表示，就是纯黑是0级亮度，而白色的亮度是255，对于一张照片来说，大部分像素的亮度位于0~255之间，从而实现了一张照片从纯黑到纯白平滑的明暗层次过渡。

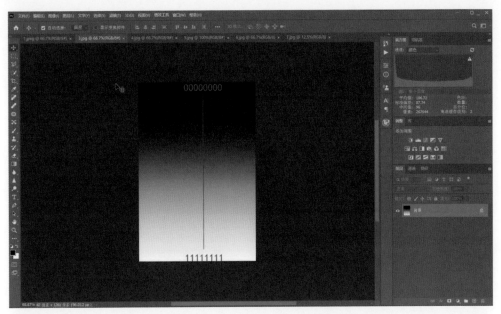

图4-1-2

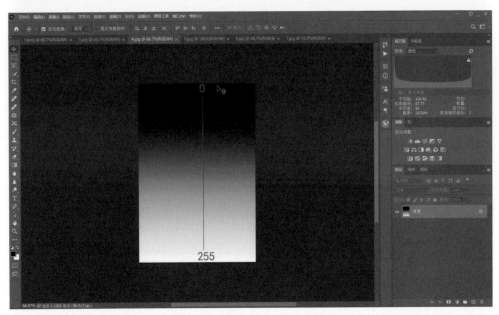

图4-1-3

　　当前用的照片是黑白的，对于彩色照片而言，这种规律同样适用，虽然照片是彩色的，但本质上它们也是由不同的色彩混合而成的，而不同的色彩也有明暗，它的明暗也是从0~255一共256级亮度的，如图4-1-4所示。

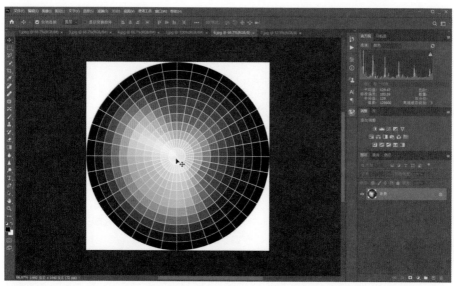

图4-1-4

例如，红色在一般亮度时能表现出非常准确的红色，如果红色的亮度降到最低，就无法呈现红色，无法呈现任何信息，变为黑色；红色的亮度不断变亮，就变为纯白，也无法再表达色彩信息，那么从红色的纯黑到纯白总共有256级变化。

对于一些人像照片同样如此，如图4-1-5所示，对于每一个像素点位置，如果它是纯黑的，它的亮度就是0；如果它是纯白的，它的亮度就是255，而其他大部分的像素都位于0~255这个亮度区间。唯一需要注意的是，如果像素的亮度是0或者是255，就分别是纯黑和纯白，这种像素是没有办法表现任何细节信息的，因为一种是"死"黑一种是"死"白，要表达的画面信息主要是在1~254这些中间亮度的区域。

图4-1-5

4.2 影调控制的尺子：解读直方图

本节讲解如何在后期软件中描述和表达照片的明暗关系，之前我们讲的是可以用数字来对照片的明暗进行衡量，它的表达主要就是通过直方图来实现。

打开照片，在直方图面板中可以看到不同的色彩波形，这个波形其实表达的是每一个位置的色彩的明暗，如图4-2-1所示。

图4-2-1

我们来改一下默认的直方图，单击展开右侧的列表，在列表中选择"扩展视图"，如图4-2-2和图4-2-3所示。

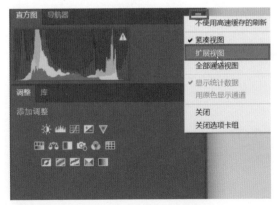

图4-2-2

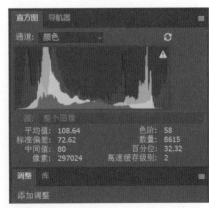

图4-2-3

然后在"直方图"通道中选择"明度"，在单色的状态下，可以更好地了解直方图的构成，如图4-2-4所示。

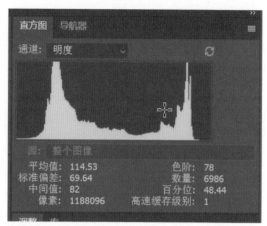

图4-2-4

接下来再切换到如图4-2-5所示的这张照片，可以看到有纯黑、纯白以及不同的明暗关系，在直方图上我们可以看到有8条竖线，这8条竖线对应的是8种不同的亮度，在直方图上最左端靠近竖线的位置表示0级亮度，最右端表示255级亮度，一般亮度区域就位于中间，这样我们就初步清楚了直方图的构成。

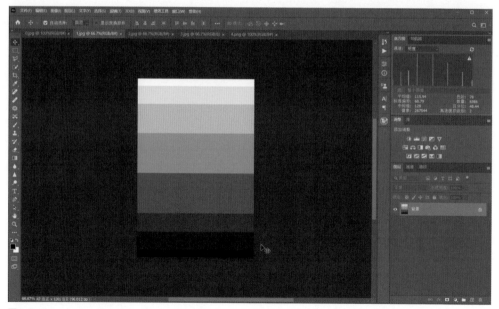

图4-2-5

但一般照片的明暗并不是跳跃性的，而是从黑到白平滑过渡的，如图4-2-6所示。

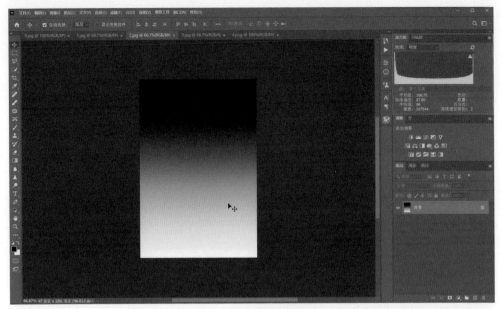

图4-2-6

在某个位置单击，可以看到下方的参数中色阶为141，这表示这个位置像素的亮度就是141，而亮度为141的像素有654个，如图4-2-7所示。

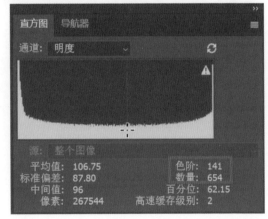

图4-2-7

通过直方图，我们可以准确地描述和表达一张照片的亮度分布。对于彩色照片来说，除了衡量每个位置的亮度和记录每种亮度像素的数量外，直方图还有助于我们分析和观察照片。举例来说，如果我们使用的电脑显示器不准确或者处于非常暗的环境中，我们可能会在观察照片时产生误差。例如，在漆黑的夜晚，手机屏幕会自动调暗，这会影响我们对照片明暗层次的判断。同样地，如果我们使用办公室的电脑，其显示器并不十分准确，也会影响我们对照片明暗层次的判断。在这种情况下，可以借助直方图作为指导，结合两者来观察照片，从而客观、准确地描述照片的明暗分布。这是直方图的另一个意义。

此外，借助直方图，我们还能全面、准确地分析照片的其他特征。

图4-2-8

如图4-2-8所示，我们可以通过直方图来判断墙上挂着的摄影作品中太阳周围和窗户高光处是否出现了过曝现象。分析照片中的"死"白或"死"黑区域很重要，因为纯白和纯黑都无法表达照片的信息和细节。我们可以看到右侧边线（即255级亮度位置）没有像素存在，如图4-2-9所示，这表示照片中最亮的位置并没有变为"死白"，恰恰相反，照片中最黑的位置变为"死黑"了。

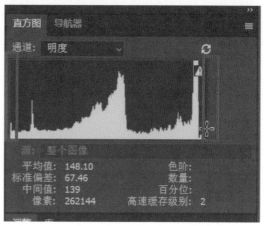

图4-2-9

我们用眼睛直接判断觉得照片中有高光溢出，但通过直方图可以知道，照片中比较暗的位置是黑的，高光反而没有溢出，这就是直方图的另外一个意义，即帮助我们判断和分析照片的问题。

4.3 影调控制的核心逻辑：三大面五调子

本节讲解摄影后期影调调整最核心的理论：三大面五调子。掌握了三大面五调子，我们拿到任何照片都不会茫然无措，至少会有一种修片思路，就是将照片的影调调整到比较合理的程度。

如图4-3-1所示，根据光线照射物体的不同部位，我们可以将其分为亮面、灰面和暗面。亮面是直接受光最亮的区域，灰面是受光线斜射的区域，而暗面则是背光形成的阴影面。明暗交界线是暗面与灰面之间的边界线。此外，需要注意的是，在暗面中常常存在一些反光。这三大面以及反光与明暗交界线共同构成了五种影调，称为五调子。在后期修图时，只要按照三大面五调子来规划照片的影调层次和明暗关系，通常能够使照片呈现出美观的效果。

图4-3-1

三大面五调子是一种基于自然规律的美学理论。根据自然规律，光线照射到物体上应该形成三大面和五调子。通过这种自然规律将物体还原到二维平面上，可以使物体影像展现出三维空间的效果，为画面带来立体感，并使画面更加清晰干净。

我们来看看这种理论的实际应用。如图4-3-2所示，我们隐约可以判断这是一个立方体，但是线条图不够真实、没有质感，加上光影之后，画面就出现了立体感，如图4-3-3所示。在这个图中，上方受光线直射的是亮面，正面是灰面，右侧面是投影或是暗面，右侧的轮廓线是明暗交界线，右侧面中存在一些反光，可以看到它比地面的阴影亮度要高一些，三大面五调子决定了物体影像的立体感和画面的影调层次。

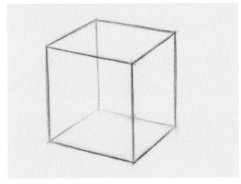

图4-3-2

图4-3-3

在实际的应用中，我们见到的立方体往往如图4-3-4所示，它不像之前看到的那么干净、那么高级，虽然仍能够看出三大面五调子，但却显得非常杂乱，没有高级感，这是因为整个画面中有太多杂乱的光线，从而导致明暗关系的出现错乱。且投影中的反光亮度也太高了，不合常理。这些杂乱的光线我们都要进行调整，经过后期调整的画面就会显得非常干净、非常高级，如图4-3-5所示。

图4-3-4

图4-3-5

在实际修片时，我们以图4-3-6为样图，可以发现靠近机位的这片区域有一些散射的光线，有一些光线透过密林照到地面上，本身这是非常自然的，但呈现在照片中就显得比较杂乱，所以我们要对这张照片进行后期处理，如图4-3-7所示，可以看到处理后的画面干净了很多，这就是后期处理的目的，或者说是我们最终要实现的效果。

图4-3-6

图4-3-7

用ACR优化照片全局影调

本节讲解如何借助ACR来对照片的基本影调层次进行初步优化，为后续的精修做好准备，通常我们拍摄的RAW文件会发灰，亮部不够亮，暗部不够黑，画面整体灰蒙蒙的，影调层次不够合理，那么这时最好的办法就是借助ACR对照片的基本影调层次进行一个初步优化，下面我们结合具体的照片来进行讲解。

4.4.1 分析照片存在的问题

将RAW格式文件拖入Photoshop，会自动在ACR中打开，如图4-4-1和图4-4-2所示。

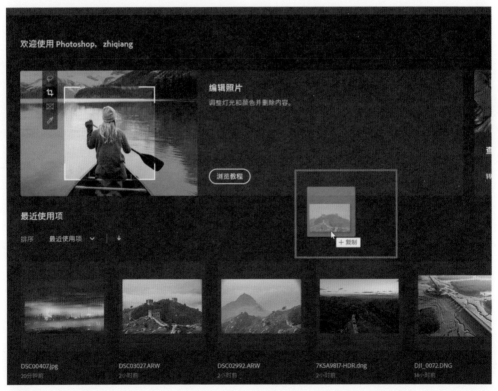

图4-4-1

图4-4-2

RAW格式文件之所以不够通透，是因为在拍摄时，设定RAW格式之后，相机会自动降低高光值，提高阴影值，确保暗部和高光位置的细节足够丰富，从而导致画面当前的状态灰蒙蒙的，不够通透。针对这种情况，我们将RAW格式文件载入ACR之后，主要是在基本面板中进行初步优化，如图4-4-3所示，我们观察直方图可以看到当前的照片是全影调的，也就是说最暗的像素已经到了纯黑，最亮的像素也已经到了纯白，但是整体灰蒙蒙的，这表示中间区域的反差比较小。

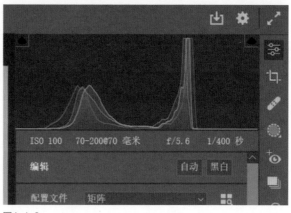

图4-4-3

4.4.2 调整影调

最简单的办法是直接提高"对比度"的值，让画面的反差变大，照片就会变得更加通透，如图4-4-4所示。

远处天空部分白茫茫一片，无法呈现出很好的层次，针对这种情况可以降低"高光"的值，如图4-4-5所示，高光对应的是亮部的层次，所以我们降低高光值，可以看到远处的天空被追回了大量的层次细节。

图4-4-4

图4-4-5

  当前的暗部也就是阴影部分效果还可以，各种层次细节比较清晰，那么针对这种情况就没有太大的必要调整阴影，如果感觉当前的阴影不够暗，导致反差依然不够，我们还可以稍稍降低"阴影"

的值，如图4-4-6所示。

图4-4-6

直方图中最亮的像素已经到了255级亮度，但是像素比较少，针对这种情况，可以稍稍提高"白"色的值，如图4-4-7所示。

图4-4-7

当前画面基本的影调已经初步调整到位，如果感觉画面整体稍稍有些偏暗，可以稍稍提高"曝光"值，直方图的波形整体往右偏移，如图4-4-8所示，画面的明暗会更合理一些。

图4-4-8

此时照片依然不够清澈通透，但我们已经将对比度提到了最高，这是因为拍摄场景中散雾比较多，本身灰雾度就比较高，针对这种情况，可以在下方稍稍提高"去除薄雾"的值，从而让照片整体显得更通透，如图4-4-9所示。

图4-4-9

下方还有"纹理"和"清晰度"两个可调节选项，"清晰度"强化的是景物轮廓，可以使景物从周边凸显出来，所以我们可以稍稍提高"清晰度"的值，如图4-4-10所示。

图4-4-10

而"纹理"强化的是像素级的清晰度或者说是锐度，提高"纹理"值之后，仿佛对画面进行了锐化，可以让细节更清晰锐利，如图4-4-11所示。

图4-4-11

4.4.3 对比效果

　　至此，这张照片的影调层次就得到了很好的优化，可以单击照片显示区右下角的"在原图效果图视图之间切换"，对比原照片与处理之后的照片效果，如图4-4-12和图4-4-13所示，可以看到处理之后画面显得非常清澈通透，也非常干净，而原照片灰蒙蒙的，给人非常压抑的感觉。这是ACR最主要的一个功能，就是将相机拍摄的RAW格式文件进行初步优化是ACR最主要的一个功能，可以让照片的细节显得更丰富，影调层次更合理，整体画面更通透。

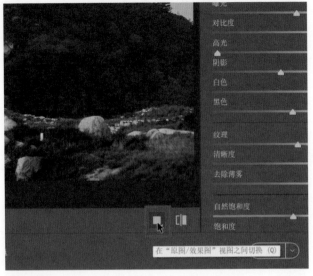

图4-4-12

图4-4-13

　　这样我们就完成了这张照片的基本优化，后续再次打开时对照片的基本优化依然存在。

4.5 初学者的利器：ACR蒙版工具

根据直方图和具体画面，我们对照片进行了基本影调层次的优化。然而，根据三大面五调子的基本理论，我们发现照片仍然存在问题，例如局部可能存在乱光，明暗分布也不够合理。因此，我们需要对照片的局部进行优化。有多种方式可以对照片的局部进行优化。本节讲解的是一种对初学者友好且相对简单的方法，即利用ACR中的蒙版功能来对照片的局部进行优化。通过使用蒙版功能，我们可以有针对性地调整照片的局部，以达到更好的效果。

4.5.1 打开照片

单击选中处理过的RAW格式文件，将其拖入Photoshop，载入ACR，如图4-5-1和图4-5-2所示，可以看到已经加载了我们之前进行过的基本调整，当前的照片有一些局部的明暗不合理，比如背光面应该暗下来，但是现在感觉不够暗，导致画面的整体影调层次不够理想，包括作为主体的建筑物背光面亮度也稍稍有些高，导致建筑的立体感不够强。

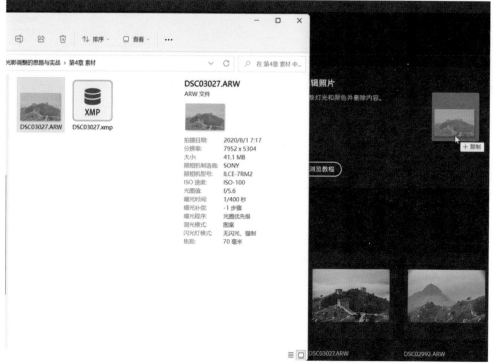

图4-5-1

图4-5-2

　　单击ACR界面右侧的蒙版工具，进入蒙版
界面，如图4-5-3所示，进入蒙版界面之后可以
看到有多种不同的功能，上方的"主体""天
空""背景"等，这是新增的一些AI功能，后续
会单独进行介绍。

图4-5-3

4.5.2 画笔

这里我们主要讲解"画笔""线性渐变""径向渐变"等几项非常重要的局部调整工具，对于这张照片，我们要压暗背光面，可以直接单击选择"画笔"，如图4-5-4所示，可以看到打开画笔之后有多种画笔选项，一般来说要将"羽化"提到最高，其他几个参数保持默认，"大小"是指所使用的画笔直径大小，要改变这个对应值可以直接拖动对应的滑块，也可以单击点住鼠标右键，进行左右拖动来缩小或放大画笔直径，如图4-5-5所示。

图4-5-4

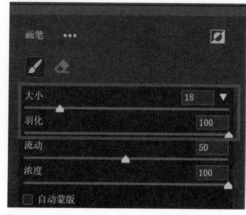

图4-5-5

下方是画笔的调整参数，降低"曝光"值，降低一点"黑色"的值，降低一点"阴影"的值，然后适当缩小画笔直径，在背光面进行拖动，如图4-5-6所示。

图4-5-6

这样就压暗了背光山体的亮度，单击蒙版面板右上角的"切换可见性"这个按钮来观察压暗之前的画面，如图4-5-7所示，然后再松开鼠标观察压暗之后的画面，可以看到背光的山体部分再次被压暗，如图4-5-8所示。

图4-5-7

图4-5-8

如果想要对长城的背光面进行轻度压暗，可以单击面板上方的"创建新蒙版"，在弹出的菜单中选择"画笔"，如图4-5-9所示，这样会新建一个蒙版，且参数归零，稍稍降低"曝光"值，降低"黑色"的值，降低"阴影"的值，在长城的背光位置进行涂抹，压暗长城的背光面，如图4-5-10所示，这样可以让长城的受光面和背光面差别更大，画面就会显得更立体。

图4-5-9

图4-5-10

再次创建一个新蒙版，如图4-5-11所示，然后稍稍地提高"曝光"值，缩小画笔直径，在受光面进行拖动涂抹，如图4-5-12所示，这样明暗差别更大，画面的立体感会更强一些。

图4-5-11

图4-5-12

在每个蒙版的下方都有一个"添加"或"减去"按钮，如图4-5-13所示。

"添加"是在同一个蒙版下用相同的参数进行调整，"减去"是要减去过多涂抹进来的部分。如果我们要使用其他不同的参数，那就需要创建新蒙版。一个蒙版下无论是画笔工具，还是其他工具，它的参数都是相同的。

图4-5-13

4.5.3 线性渐变

接下来观察画面，会发现整个天空部分的
亮度还是稍稍有些高，因此可以再次单击"创
建新蒙版"，选择"线性渐变"，如图4-5-
14所示，然后由画面最上方向下拖动制作一
个渐变区域，向下拖动两条线，中间的上下两
条线中间是过渡区域，下方是不进行调整的区
域，上方是完全进行调整的区域，如图4-5-15
所示。

图4-5-14

图4-5-15

稍稍降低曝光值，可以看到天空被压暗了，如图4-5-16所示，这样我们就完成了对局部光影进
行一些简单的调整。

图4-5-16

4.5.4 径向渐变

画面左侧应该是光线投射的位置，我们可以创建一个新蒙版，选择径向渐变，如图4-5-17所示，制作一个径向的区域，模拟光线由画面左上角到右下投射的效果，稍稍提高"曝光"值，因为光线往往会偏暖一些，所以可以加一点暖光，将"色温"值稍稍提高一些，如图4-5-18所示。

图4-5-17

图4-5-18

　　接下来，我们检查一下照片中的问题，画面左上角有一个轻微的暗角，我们可以使用其他工具将其修掉，比如说利用修复工具在这个位置进行涂抹，就可以将左上角的这个暗角修掉，如图4-5-19所示。

图4-5-19

　　可以发现，对于照片的全局和局部的调整，特别是影调层次调整方面，借助ACR可以实现比较好的调整效果，而且它能完成大部分的调整工作，同时比较简单、容易理解，对于初学者来说是非常友好的，可以直接上手而不需要掌握过于复杂的一些软件操作技巧。

4.6 容易被忽视的利器：加深和减淡工具

之前我们讲解了可以在ACR中对照片完成整体的影调层次优化以及局部调整，但是在ACR中对局部的调整有一些局限性，会导致修片的效果不够精细，所以对照片进行影调层次全局的优化之后往往还要进入Photoshop进行精修。本节讲解在Photoshop中对照片局部影调进行精修的第一种方式，也是一种特别容易被忽视的方式——利用"加深"和"减淡"工具。

4.6.1 打开照片

本节我们依然以之前进行全局优化的素材照片为例，在ACR中将其打开之后，单击"打开"，这样可以将照片在Photoshop主界面中打开，如图4-6-1和图4-6-2所示。

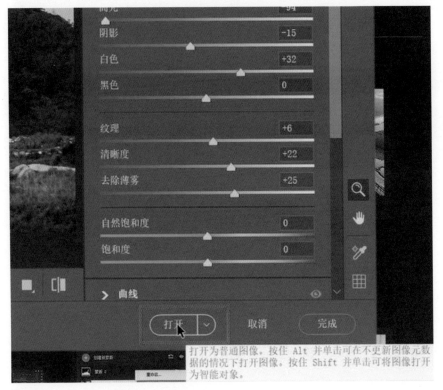

图4-6-1

图4-6-2

接下来就可以使用工具栏中的"加深"和"减淡"工具了，也就是很容易被忽视的局部调整工具。在进行具体的调整之前，先按键盘上的"Ctrl+J"组合键复制图层，如图4-6-3所示，下方的图层作为最原始的备份，我们可以在上方的图层上进行调整，这样可以确保不会丢失最原始的图片信息。

图4-6-3

先选择"污点修复画笔"工具，修掉照片中存在的一些瑕疵，如图4-6-4所示。

图4-6-4

4.6.2 加深和减淡工具

在工具栏下方单击点住"加深"和"减淡"这组工具，在其中选择"加深"工具，如图4-6-5所示，选中后可以看到鼠标光标变为了圆形，如图4-6-6所示。

图4-6-5

图4-6-6

在加深之前要限定上方的"范围"，单击展开之后可以看到有"阴影""中间调"和"高光"三项，如图4-6-7所示，"阴影"用于限定比较暗的部分，"中间调"限定一般亮度的区域，"高光"则限定照片中的亮部区域，后面的"曝光度"是指我们调整的幅度。

图4-6-7

　　"曝光度"的设置不宜过高，过高会导致调整区域与未调整区域的过渡不够自然，通常来说这个"曝光度"要设置到10%以下。在照片中想要压暗的位置设定为"中间调"，缩小画笔直径并在这些位置进行涂抹，如图4-6-8所示。

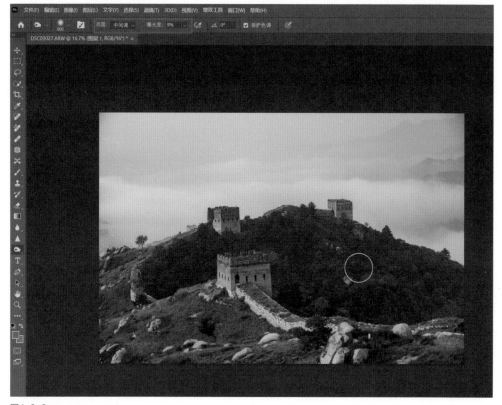

图4-6-8

选择"减淡"工具，如图4-6-9所示，减淡工具用于对局部区域进行提亮，"曝光度"同样设置到10%以下，这里设置为8%，然后在照片中需要提亮的位置进行涂抹，缩小画笔直径并进行涂抹提亮，如图4-6-10所示。

图4-6-9

图4-6-10

再次切换到"加深"工具对画面进行压暗，如图4-6-11所示，城墙的亮度非常高，它处于高光区域，所以"范围"要设定为"高光"，缩小画笔直径，在这段比较亮的城墙上进行涂抹，如图4-6-12所示，不用太过担心涂抹到周边的区域，因为我们限定的范围是"高光"，而周边的草地处于"中间调"，所以涂抹对周边区域的影响不太大。

图4-6-11

图4-6-12

通过"加深"和"减淡"工具对照片的局部影调进行重塑，画面发生了非常大的变化，单击图层前的小眼睛图标隐藏上方图层，可以看到我们有效地对画面的影调进行了重塑，如图4-6-13和图4-6-14所示。

图4-6-13

图4-6-14

　　对左上角这一片比较暗的暗角进行处理，可以选择"减淡"工具，并在这个位置进行涂抹，把这个位置的亮度提上来。右上角的同理，如图4-6-15所示。

图4-6-15

4.6.3 修掉杂物

可以看到借助"加深"和"减淡"工具，我们就完成了对这张照片局部的调整。除此之外，画面的左侧还有一些岩石特别干扰视线，我们可以使用污点修复画笔工具，在这些岩石上点住并进行涂抹，就可以将这些岩石修掉了，如图4-6-16所示。

图4-6-16

最后再次隐藏上方的图层，查看原照片的效果，与调整之后的画面效果进行对比，如图4-6-17和图4-6-18所示。

图4-6-17

图4-6-18

 # Photoshop影调控制：利用曲线调整影调

本节讲解如何利用曲线来调整照片整体以及局部的明暗，最终让照片的影调层次变得更加合理。

首先打开素材照片，如图4-7-1所示，可以发现经过之前的反复调整，当前照片整体的影调层次以及局部相对都比较合理了，但是依然存在一些问题，比如画面整体开始变得朦胧，没有开始通透了，受光面修掉了一些岩石之后，感觉深浅不一，显得比较乱。

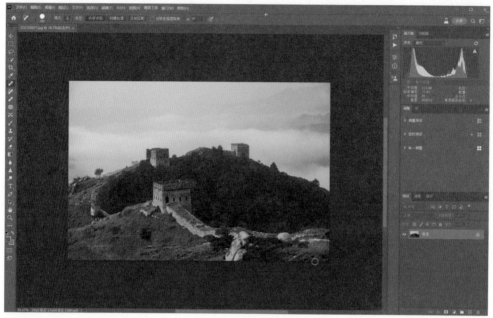

图4-7-1

4.7.1 曲线调整

在右侧的调整面板中展开单一调整，创建曲线调整图层，同时打开曲线调整面板，如图4-7-2所示。

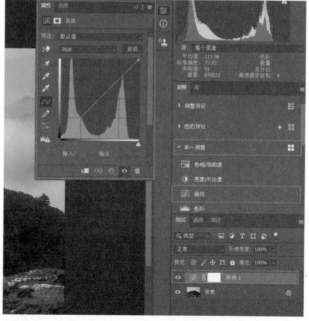

图4-7-2

我们要调整的是受光面明暗不匀的问题，比如有些草的颜色比较浅，有的比较深，另外画面整体的层次感也显得比较朦胧、不够通透，针对这种情况，可以先对这片草地进行调整，对一些比较暗的位置进行提亮。

曲线面板中间有一个直方图，并且有一条倾斜的直线，这条直线就是曲线，在这条曲线的任何一个位置单击，如图4-7-3所示，可以看到下方出现了"输入"和"输出"两个值，这是因为我们在单击时出现了一定的位置移动，导致这两个值不一样，正常来说中间这条斜线上的"输入"和"输出"值应该是一样的，"输入"是当前所选择某一个位置的亮度，"输出"则是调整之后的数值。

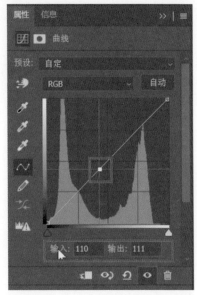

图4-7-3

点住这个锚点向上拖动这条曲线，如图4-7-4所示，可以看到"输入"值保持不变，"输出"值变大了，这表示我们将亮度为110的像素提升至130。但是曲线是平滑过渡的，这就会导致我们拖动这个位置像素之外、与之明暗相近的一些像素也会发生变化。

图4-7-4

再次向上进行提亮，如图4-7-5所示，我们要提亮的是受光面一些比较暗的位置，但现在画面整体的亮度都发生了变化。

图4-7-5

按住键盘上的"Ctrl+I"组合键，对蒙版进行反向，如图4-7-6所示。

图4-7-6

选择"画笔"工具，缩小画笔直径的大小，降低"不透明度"和"流量"，在一些比较暗的位置上进行涂抹，将这些位置变亮，如图4-7-7所示，可以看到在这些位置进行涂抹就还原出了曲线的提亮效果。

图4-7-7

草坪上有一些位置的亮度还比较高，因此可以再次创建一个曲线调整图层，向下拖动曲线，将画面整体压暗，如图4-7-8所示，但我们要压暗的只是草坪上一些局部的区域，所以依然按"Ctrl+I"组合键对蒙版进行反向，隐藏曲线的调整效果，如图4-7-9所示。

图4-7-8

图4-7-9

　　再次利用"画笔"工具，将前景色设置为白色，在一些过亮的位置上反复进行涂抹擦拭，如图4-7-10所示，可以发现这片草坪干净了很多。

图4-7-10

　　创建一个曲线调整图层，让暗部更暗一些，亮部更亮一些，增强照片的反差，这样画面的通透度就会得到提升，如图4-7-11所示。

图4-7-11

　　至此，这张照片基本上就调整完毕了。但是如果仔细观察，可以发现高光部分的层次损失比较多，因此可以再次创建一条曲线，并向下拖动进行压暗，如图4-7-12所示。

图4-7-12

　　然后使用"画笔"工具，把"不透明度"和"流量"提高一些，将前景色设置为黑色，进行擦

拭，还原出应有的亮度，降低图层的不透明度，最终这张照片的影调调整就完成了，如图4-7-13
所示。

图4-7-13

按住键盘的"Alt"键，单击背景图层前的小眼睛图标，隐藏上方所有图层，观看调整之前的画
面效果，如图4-7-14所示，再次按住"Alt"键并单击背景图层前的小眼睛图标，显示出调整之后的
画面效果，如图4-7-15所示，可以看到调整之后的画面整体变得更干净了，画面效果更好。

图4-7-14

图4-7-15

4.7.2 去除污点

　　单击选中最上方的曲线蒙版调整图层，按
键盘上的"Ctrl+Alt+Shift+E"组合键，盖印一个
图层出来，这就相当于将所有的调整效果压缩
到了这个图层中，如图4-7-16所示，然后选择
"污点修复画笔"工具修掉污点，如图4-7-17
所示，这样这张照片的调整就完成了。

图4-7-16

图4-7-17

本节的重点主要就是理解曲线向上拖动或向下拖动对照片带来的改变，从"输入"和"输出"值的变化就可以判断出来。另外，曲线是平滑过渡的，会导致画面整体变亮或变暗，曲线的功能设定是非常复杂的，它有非常非常多的功能，大家可以逐步来探索曲线的功能和使用方法。

调整完成之后，可以右键单击某个图层的空白处，在弹出的菜单中选择"拼合图像"，如图4-7-18所示。

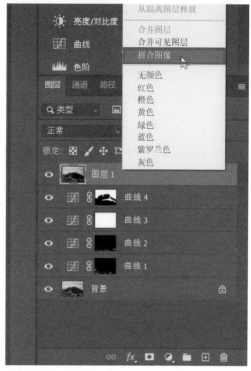

图4-7-18

单击点开"编辑"菜单，选择"转换为配置文件"，如图4-7-19所示，这张照片原来的色彩空间是Adobe RGB，我们需要将其转为sRGB，然后单击"确定"，如图4-7-20所示。

图4-7-19

最后，再将照片存储为JPEG格式就可以了，然后对这个文件进行重新命名保存即可。

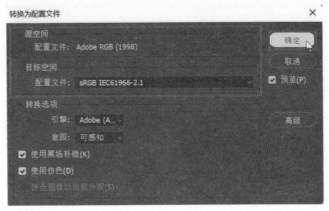

图4-7-20

CHAPTER 5

第5章
调色原理与实战

本章讲解摄影后期调色的原理以及具体工具的使用。通过学习调色原理，结合一些工具进行调色，就可以将照片的色彩校正到非常准确的程度，让照片的色彩变得更具表现力。具体来说，本章的调色原理主要包括参考色原理、渲染色原理以及混色原理等。

参考色原理与白平衡调整

参考色原理是指以某种色彩作为参考来还原其他色彩的表现力。首先打开图5-1-1，可以看到完全相同的红色，分别放在蓝色、黄色和白色的背景上，肉眼看上去这些颜色给我们的直观感受却是不一样的。

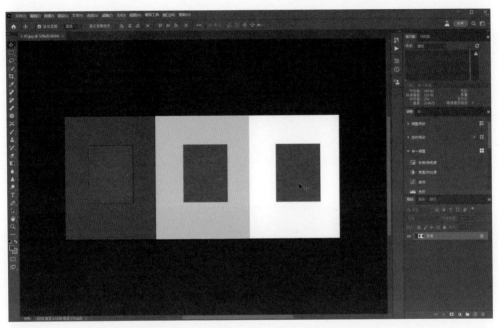

图5-1-1

在摄影和后期调色中，最准确的参考色是白色。无论是相机还是软件，都以白色作为参考来还原其他色彩，以获得最准确的效果。白平衡调色就是利用这个原理，在不同场景中找到白色，并以此为基准来还原其他颜色，使它们达到平衡。掌握了白平衡的原理，我们就可以对不同的照片进行白平衡校正。接下来，我们来看一些具体的案例。

将照片拖入Photoshop，因为拍摄的是RAW格式，所以会自动载入ACR中，如图5-1-2和图5-1-3所示，可以看到当前的照片蓝色是非常重的，近处的木栈道上面有一层雪，而我们知道雪应该是白色的，除白色之外，中性灰、黑色等也可以作为参考色，因为无论白色、中性灰还是黑色，都可以作为白平衡的参考色。

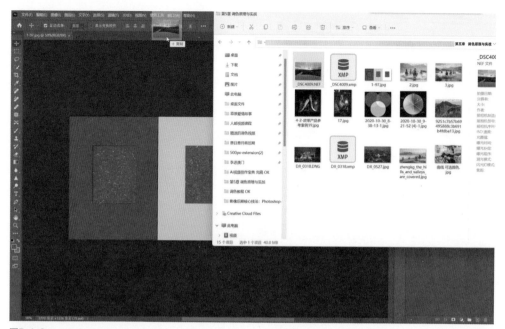

图5-1-2

图5-1-3

　　"基本"面板的白平衡选项右侧有一个吸管，我们称它为白平衡工具，如图5-1-4所示。

　　在白色的雪地上进行单击，可以看到画面整体色彩得到了校正，如图5-1-5所示。

白平衡工具(I)

使用它单击照片中应该是中性色的内容，可
自动校正"色温"和"色调"。

图5-1-4

图5-1-5

有时候色彩的校正可能没那么准确，这时可以通过拖动滑块来改变"色温"和"色调"的值，再次对白平衡进行微调，如图5-1-6所示。

图5-1-6

校正之后再对照片的影调进行简单的调整，单击"自动"，在此基础上进行微调，让最终的效果更准确，如图5-1-7所示。

图5-1-7

5.2　初学者最易上手的ACR混色器调色

　　本节我们讲解一种非常简单，也最常用的调色思路，即借助ACR中的混色器来进行调色，这种调色方式非常简单，对初学者比较友好，只要打开这个功能，通过观察照片的色彩分布，直接进行调整就可以了。

5.2.1　整体影调调整

　　打开要调整的照片，如图5-2-1所示，可以看到此时的照片影调整体比较暗，切换到"基本"面板，点击"自动"，在此基础上进行微调，对照片整体进行影调层次的优化，如图5-2-2所示。

图5-2-1

图5-2-2

5.2.2 几何畸变调整

切换到"几何"面板，在其中对画面的几何畸变进行调整，最简单的方法是直接单击"自动调整"，如图5-2-3所示。

图5-2-3

如果校正的效果不是特别理想，特别是两侧的线条还有畸变的情况，可以选择右侧的"通过使用参考线来进行调整"，如图5-2-4所示。

图5-2-4

我们应该为照片中竖直的线条建立参考线，在这些位置单击鼠标左键上下拖动，沿着原有的线条创建一条参考线，然后再在画面左侧的线条上用同样的方法创建一条参考线，可以看到松开鼠标之后，画面的几何畸变得到了很好的校正，如图5-2-5和图5-2-6所示。

图5-2-5

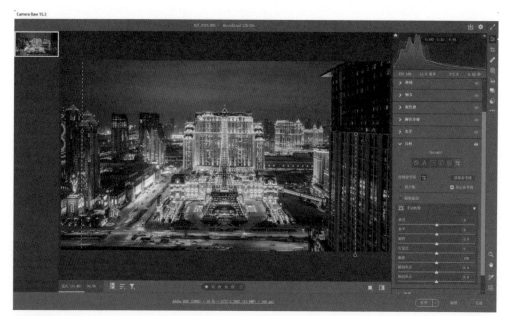

图5-2-6

单击上方的"编辑"即可去掉参考线，如图5-2-7所示。

图5-2-7

5.2.3 色相调整

单击"混色器"面板，其中有"色相""饱和度"和"明亮度"三组参数，如图5-2-8所示，"色相"是指不同的色彩之间的差别。

图5-2-8

首先我们将红色滑块向右拖动，可以看到左侧建筑上一些非常红的色彩开始变得偏向橙色了，如图5-2-9所示。

图5-2-9

然后选择黄色，将黄色滑块向左拖动，可以看到原本黄绿的色彩变得更黄了一些，如图5-2-10所示。

图5-2-10

　　而对于近景中的一些绿色,可以将绿色滑块向左拖动,将绿色滑块向右拖动,如图5-2-11所示。可以看到,画面中的色彩虽然仍有很多色相,但是通过调整,这些色相正在迅速聚拢,画面整体的色彩变得更干净。

图5-2-11

5.2.4 饱和度调整

切换到"饱和度"面板，降低画面中橙色的饱和度，蓝色和黑色的饱和度也稍稍降低一些，选择画面整体的饱和度就更加相近了，如图5-2-12所示。

图5-2-12

接下来需要调整的是"明亮度"，即不同颜色的亮度。降低了建筑物上橙色的饱和度后，会发现有些闷，不够透亮，因此可以增加橙色的明亮度，让建筑物变得更加通透。同时，稍微降低黄色的明亮度，使黄色与橙色的明亮度更接近，避免画面出现明暗不均的杂乱感。通过这样的调整，使整个画面的色相、饱和度和明亮度趋向一致，使得画面整体更加清爽干净，如图5-2-13所示。

图5-2-13

图5-2-14

　　回到"饱和度"面板，再次降低紫色和蓝色的饱和度，这样这张照片的色彩基本就调整完成了，如图5-2-15所示。

图5-2-15

调整色彩非常简单直观，我们只需切换到对应的项目，并拖动色彩滑块即可。通常，我们需要让不同的色彩更接近一些，这样画面的色彩才会更干净统一。但需要注意的是，原本高饱和度的区域会使画面整体层次感和透明感更强，然而在调整色彩之后，由于我们将色彩的色相聚拢并降低了一些色彩的饱和度，画面整体可能会显得有些沉闷。对比调色前后的效果，如图5-2-16和图5-2-17所示，可以看到调色之前画面显得更通透，调色之后画面更沉闷了一些。

图5-2-16

图5-2-17

5.2.5 增加画面通透度

回到"基本"面板，稍稍提高对比度，也可以切换到"曲线"面板，在其中创建一条轻微的S形曲线，以增加画面的反差，让照片再次通透起来，如图5-2-18所示，这样这张照片的调色就完成了。

图5-2-18

通过混色器的调整，我们可以快速简单地对照片的色彩进行调整。对于夜景城市风光这样的场景，使用混色器调色是非常方便且功能强大的。需要注意的是，在新版本的ACR中，混色器被称为"混色器"，但在一些较老的版本中，它被称为"HSL调整"，即色相、饱和度和明亮度的缩写。

5.3 渲染色与ACR颜色分级调整

之前我们讲的白平衡调整、混色器调整是对照片中景物原有的色彩进行色相或是饱和度的改变，从而实现调色功能，接下来讲解的是一种色彩渲染的行为，就是对照片中的某些区域直接覆盖上一层特定的颜色，从而让整片区域的色彩更干净、更具表现力，我们将其称为渲染色原理。下面我们还是通过具体的案例来进行讲解。

首先在Photoshop中打开照片，如图5-3-1所示，可以看到画面整体的效果是非常棒的，但是如果我们让受太阳光线照射的这些亮部更暖一些、暗部偏冷一些，画面的色彩会更具表现力，具体操作非常简单，直接通过覆盖色彩来实现画面的调色。

图5-3-1

　　按键盘上的"Ctrl+Shift+A"组合键，可以切换到Camera Raw滤镜，如图5-3-2所示，它与ACR有一定的差别，特别是它的下方没有"打开"，工具栏中也没有裁剪等工具，归根结底是因为ACR是Photoshop的一个增效工具，而Camera Raw滤镜只是Photoshop的一个滤镜，没有办法对像素进行过大的调整，不能增减像素。

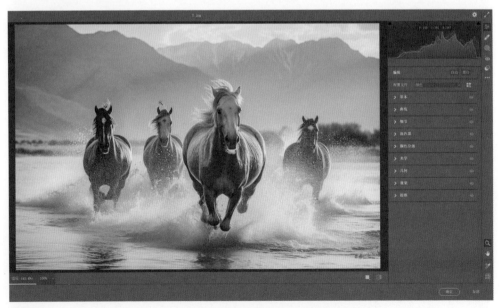

图5-3-2

打开之后，切换到"颜色分级"面板，颜色分级其实应该称为明暗分级，它是先将照片分成高光区域、中间调区域和暗部区域，然后分别对不同的区域直接覆盖上某一种色彩。像这张照片的高光区域包括天空区域、马匹奔腾激起的水花区域，而暗部区域就是背光的山体，中间调区域则是马匹身上的区域。当我们了解了渲染色的原理，具体的操作就比较简单了。

在"颜色分级"面板中有"阴影""中间调"和"高光"三个主要的参数，单击选中"高光"，可以看到有一个色环，色环下面有"色相""饱和度"和"明亮度"三个参数，如图5-3-3所示。

图5-3-3

5.3.1 高光渲染暖色调

直接提高高光的饱和度，可以看到整个画面最亮的区域就被渲染上了一层暖色调，如图5-3-4所示，这是因为色相中这个滑块定位的就是暖色调，当然当前这个暖色有点失真了，所以我们可以稍稍改变色相的值，让暖色调更真实、更自然一些，再次提高饱和度的值，就会渲染上一层更暖的色彩，如图5-3-5所示。

这就是渲染色的原理及实现方法，主要是通过ACR或者Camera Raw滤镜中的颜色分级来实现。背光的阴影区域更适合渲染冷色调，所以我们切换到阴影，然后提高饱和度，如图5-3-6所示。

图5-3-4

图5-3-5

图5-3-6

5.3.2 阴影渲染冷色调

阴影部分渲染冷色调会比较自然，所以我们拖动色相滑块到冷色调的位置，可以看到画面中的暗部开始变得具有冷色调了，如图5-3-7所示。

图5-3-7

可以看到，当前的画面高光区域渲染为暖色调、阴影区域渲染为冷色调之后，虽然画面整体的色调更干净、更具电影般的色调质感，但是画面稍显沉闷，这时可以通过调整下方的"混合"及"平衡"来改变这种情况。"混合"主要是指高光和暗部渲染色彩的混合度，"平衡"则是指要让色彩的渲染更侧重高光部分还是阴影部分，比如将"平衡"滑块向右拖动，可以看到高光区域占据更大的比例，如图5-3-8所示。

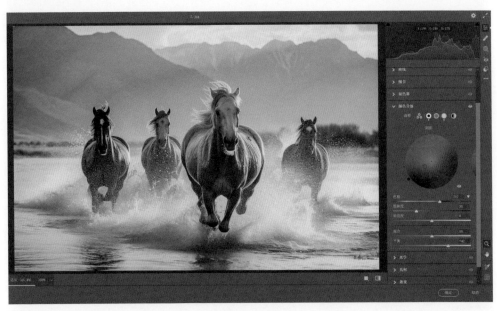

图5-3-8

　　暗部的阴影渲染就不那么明显，向左拖动"平衡"滑块，同时向右拖动"混合"滑块，就得到了我们最终想要的效果，如图5-3-9所示。

图5-3-9

5.3.3　中间调渲染暖色调

　　本节重点讲解的是中间调这个色环，之前我们通过直接拖动滑块来实现画面色彩的渲染，实际上在调整时也可以将鼠标移动到色环上进行拖动，从而定位不同的饱和度区域和不同的色相上，实现高光和阴影的色彩渲染。现在中间调有些偏蓝，因此我们可以把中间调区域渲染上一定的暖色调，让画面的色彩不那么沉闷，如图5-3-10所示。

图5-3-10

　　完成了色彩的渲染，可以回到"基本"面板，通过调整"色温"与"色调"的值来改变画面的色彩效果，从而让照片最终调色的效果更好，如图5-3-11所示。

图5-3-11

在使用色彩渲染功能时需要注意以下几点。首先，我们要避免严重的色彩失真问题，以保持照片的质量。其次，色彩渲染需要进行颜色分级。对于照片来说，原始照片的明暗分布越大，色彩渲染效果越好。如果照片的明暗差异较小，使用色彩渲染可能无法获得理想的效果。

渲染色与Photoshop照片滤镜

之前讲解的多种调色思路都是通过ACR来实现的，实际上Photoshop软件的功能更为强大，有时候只是没那么直观。下面我们来讲解渲染色原理的另外一种应用，借助Photoshop实现调色，依然是通过具体的案例来进行讲解。

在Photoshop中打开照片，如图5-4-1所示，可以看到人物部分是暖色调的效果，而背景部分是一种稍稍有些偏暖的中性色调。

图5-4-1

5.4.1 对背景进行选取

现在想让人物区域依然保持暖色调，而背景部分偏冷色调一些，单击"选择"菜单，选择"主体"，如图5-4-2所示。

这样主体人物就被选择出来了，不过漏掉了马灯，如图5-4-3所示，后续可以再进行单独调整。

图5-4-2

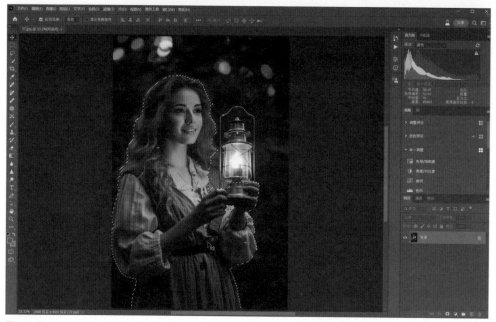

图5-4-3

要渲染色彩的是人物之外的背景部分，但是现在选择的是人物，所以单击"选择"菜单，选择

"反选"，这样就选择了人物之外的区域，如图5-4-4和图5-4-5所示。

图5-4-4

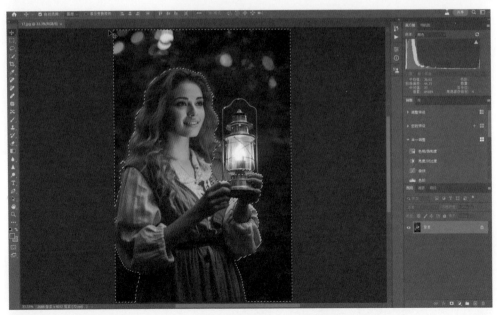

图5-4-5

5.4.2 照片滤镜渲染冷色调

在调整面板中向下拖动，选择"照片滤镜"，创建照片滤镜的蒙版调整图层，如图5-4-6所示。

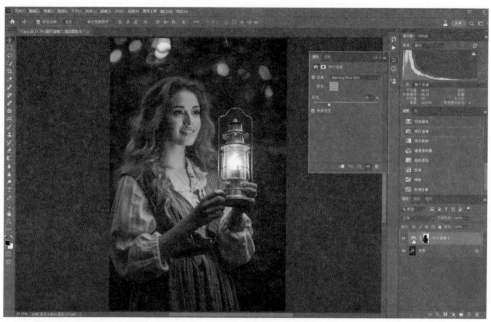

图5-4-6

提高"密度"的值，可以看到背景部分的色彩变得更暖一些，如图5-4-7所示，这表示为背景部分渲染上了暖色调，从照片滤镜的名称"Warming Field"来看，就是暖色滤镜。

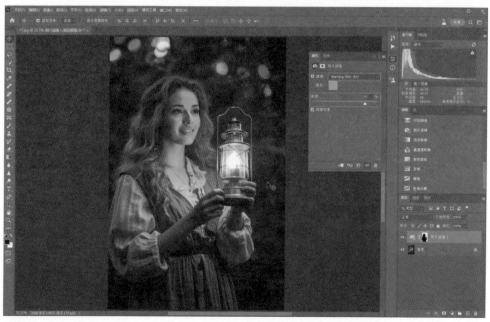

图5-4-7

而我们要渲染的是冷色调，单击展开滤镜后的列表，在其中选择特定的冷色调滤镜 "Cooling Field"，可以看到整个背景变得非常冷，如图5-4-8所示。

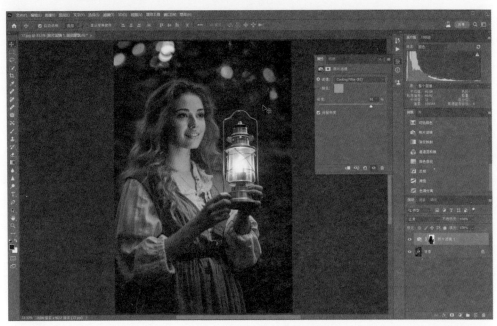

图5-4-8

之前建立选区时漏掉了马灯，所以马灯部分和背景一起都被渲染上了冷色调，这时可以在工具栏中选择"画笔"工具，将前景色设置为"黑色"，然后缩小画笔直径在马灯上擦拭，使其还原出原有的色彩，如图5-4-9所示。

图5-4-9

背景的冷色调还是比较强烈的，我们还可以稍稍降低调整图层的不透明度，从而让调色的效果更自然一些，如图5-4-10所示。

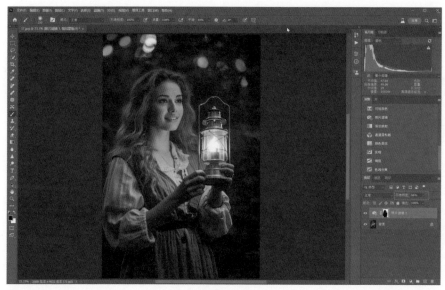

图5-4-10

这样就完成了在Photoshop中借助照片滤镜来实现色彩的渲染，用这种方法可以快速为某一些区域渲染上特定的冷色调或暖色调，并且整个画面的色相是比较统一的。

隐藏上方的照片滤镜蒙版调整图层，观察原照片的效果，再显示出这个照片滤镜蒙版调整图层，观察调色之后的效果，可以发现变化非常明显，如图5-4-11和图5-4-12所示。

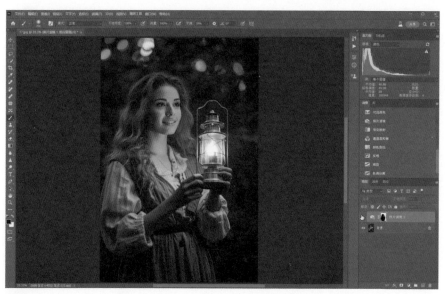

图5-4-11

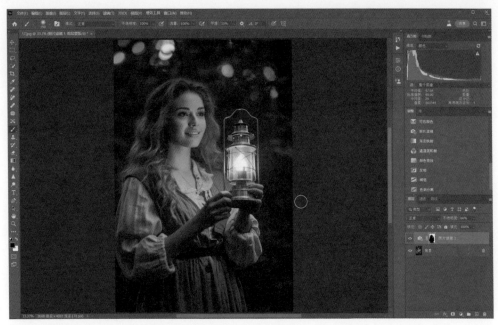

图5-4-12

5.5 混色原理与Photoshop调色工具

本节讲解Photoshop最基本的调色原理及调色工具。

5.5.1 混色原理

在了解Photoshop最基本的调色原理之前，首先来看图5-5-1所示的图片。自然界中有7种可见光线，而其他的X射线、紫外线、红外线等是不可见的。7种可见光线对应的就是自然界中的7种不同色彩，分别是红、橙、黄、绿、青、蓝、紫。

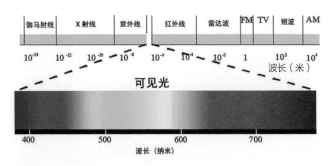

图5-5-1

如果再次进行分解就会发生一些奇特的现象，比如黄色可以分解出红色和绿色，青色可以分解出绿色和蓝色，很多色彩其实是混合色，经过多次分解之后会发现自然界中的光线有三种基本的颜色，如图5-5-2所示，其他的所有色彩都是由这三种颜色混合出来的，这三种颜色就被称为三原色，分别是红色、绿色、蓝色。

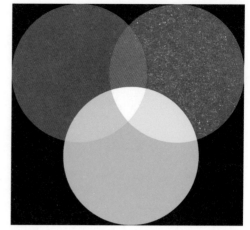

图5-5-2

Photoshop就是以三原色的特点而设计的不同的调色功能，这三种色彩相对来说显得还是过于简单，为了描述更全面的色彩，人们往往使用色环来表现所有的色彩，如图5-5-3所示。在这个色环图上，我们可以看到红、橙、黄、绿、青、蓝、紫。

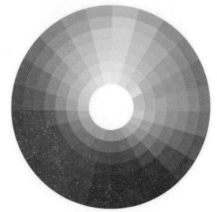

图5-5-3

如果对这个色环进一步研究，就会发现一个更奇特的现象，三原色与它所对另外一端的色彩相混合，就能得到白色，如图5-5-4所示，可以看到红色与青色、蓝色与黄色、绿色与洋红分别互为补色，那么这样Photoshop的调色设计就接近实现了。

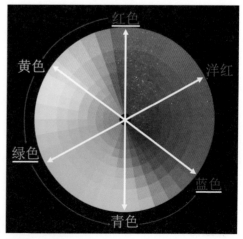

图5-5-4

在真正掌握这种混色的规律之前，我们还应该知道一个知识点，照片偏某一种色彩是因为受这种色彩光线的影响，比如在黄色的灯光下看一件物体，物体会偏黄，这是因为它受黄色光线影响，如果我们要将所看到的色彩调正，确保看到最准确的色彩，只要将光线转化为白光就可以了。偏黄色我们有两个选择，一个是减少黄色的比例，还有一个是增加蓝色的比例，改变混合比例确保两者混合得到白光，就可以让原本偏黄的景物色彩变得正常；如果色彩偏红，那么也有两个选择，降低红色的比例或增加青色的比例。所谓的混色原理就是调整三原色与互补色彩的比例，从而调出白色。

下面我们通过具体的照片来进行讲解。

5.5.2 实战案例

打开照片，可以看到这张照片的中间调区域偏黄色，如图5-5-5所示。

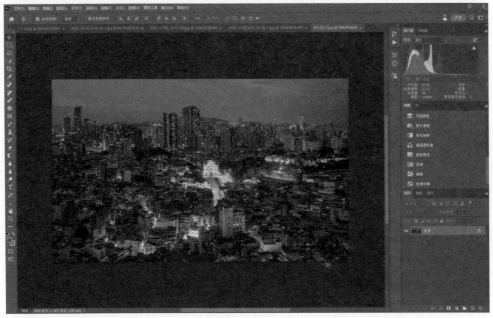

图5-5-5

首先创建一个可选颜色的调整图层，单击"可选颜色"，在颜色通道中选择黄色，如图5-5-6所示，如果我们要抵消黄色应该增加蓝色，但是这个列表中没有蓝色，所以我们可以降低黄色，这样也相当于增加了蓝色，如图5-5-7所示。

图5-5-6

图5-5-7

　　我们要降低红色，就可以增加红色的补色，即提高青色的值，这样偏红的问题就得到了解决，如图5-5-8所示。

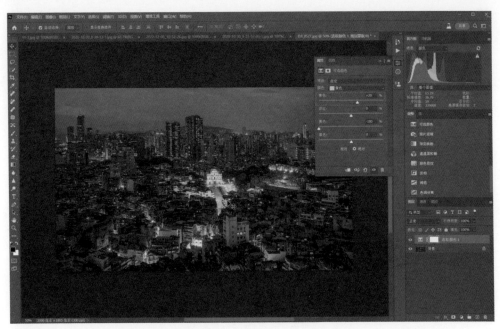

图5-5-8

通过这种调整就改变了画面的色彩，随后可以删掉可选颜色蒙版图层，如图5-5-9所示。

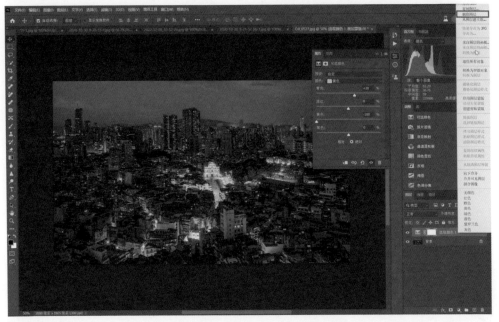

图5-5-9

再次创建一个色彩平衡调整图层，在打开的面板中可以看到三原色及它们的补色，直接拖动滑块就可以进行改变，如图5-5-10所示。

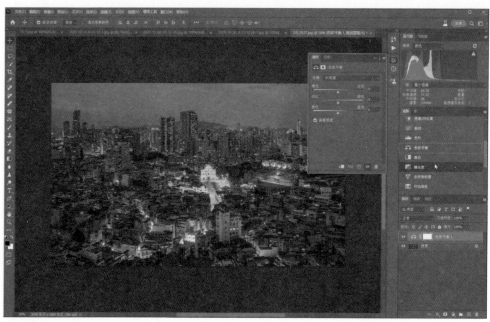

图5-5-10

与可选颜色的设计逻辑不同的是，可选颜色直接选中某一种色系进行调整，而色彩平衡则是先限定调整的区域再进行调整。选择中间调，中间调偏蓝，直接降低蓝色也相当于增加黄色，如图5-5-11所示。

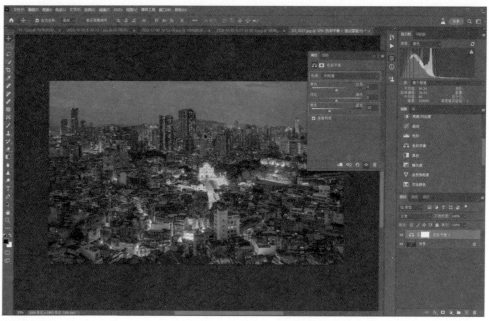

图5-5-11

降低青色就是增加了红色，因为他们是互补色，通过这种调整，中间调区就不再偏蓝，如图5-5-12所示。

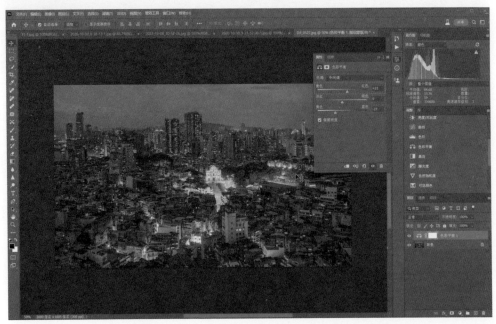

图5-5-12

　　无论色彩平衡还是可选颜色，都是以混色原理为最基本的原理来设计的功能，我们完成整体的调色之后就可以对蒙版进行反向，然后只限定某些位置进行调色。

可选颜色调色实战

　　本节讲解Photoshop中可选颜色的原理及使用方法，它的参数设定相当复杂，并且功能也比较强大，但只要我们理解了各种参数不同的含义，结合之前所讲的混色原理，这个功能掌握起来也就没那么难了。

　　在调整之前先观察，如图5-6-1所示的照片，可以看到当前的照片整体效果还可以，但色彩稍稍有些杂，比如左下角有一些偏青色、偏绿色，上方的屋顶本身是这种瓦的颜色，但这张照片中瓦片的比例比较小，这一片瓦反而形成了干扰色，远景中有一些红色的灯笼比较碍眼，这些都是我们要调整的对象。

图5-6-1

5.6.1 可选颜色原理

创建可选颜色调整图层，观察可选颜色面板，如图5-6-2所示。

图5-6-2

在这个面板中重点要关注三个内容，第一个是颜色后的列表，点开可以看到有六种颜色和三种中性色，这六种颜色就表示照片中的该色系，如图5-6-3所示。

接下来是调色参数，可以看到青色、洋红和黄色三个选项，左端是这三种颜色，右端就是它们的补色，如图5-6-4所示。

下方还有一个"黑色"，如图5-6-5所示，这个黑色是指调整所选择区域的明暗度，比如当前我们选择白色，也就是要调整的将是照片中的亮度，提高"黑色"的值就相当于压按亮度，它是有一定影调调整功能的。

最后还要注意"相对"和"绝对"这两个参数，如图5-6-6所示，我们可以简单地认为，选择"绝对"就是调色

图5-6-3

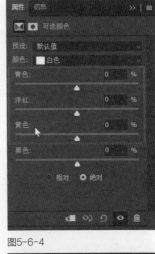

图5-6-4

图5-6-5

图5-6-6

的效果会特别明显，选择"相对"就是调色的效果不那么明显。"绝对"是指调色的幅度是针对最高饱和度，而"相对"就表示调色的幅度针对的是当前照片的某种色彩的饱和度。

5.6.2 调整影调

前面我们讲了可选颜色的具体原理，下面我们来调整图5-6-1这张照片，在"颜色"列表中选择"黄色"，对照片中的黄色进行调整，选择"黄色"很明显是要减少黄色，增加蓝色，如图5-6-7所示，可以看到画面左下角偏黄的问题得到了解决，但是其他位置也发生了一些色彩的变化，这个我们后续再调。

图5-6-7

人物的肤色中红色比较重,过于偏红,包括背景中一些红色也比较浓重,因此可以选择"红色",要降低红色可以增加青色,调整后可以看到人物肤色趋于正常,并且背景中的红色灯笼也变得没那么碍眼,如图5-6-8所示。

图5-6-8

画面上方这些青色的瓦，我们可以选择"青色"，向左拖动青色滑块，如图5-6-9所示，可以看到瓦片的色彩变淡了。

图5-6-9

这里为了演示效果，我们对每一种色彩的调整幅度都非常大，实际上真正的调色幅度不宜太大，比如黄色可以稍稍恢复一些，画面的效果会更自然一些，如图5-6-10所示。

图5-6-10

照片中两处蓝色的位置感觉特别碍眼，可以选择"蓝色"，降低蓝色的比例，也就相当于增加了黄色的比例，如图5-6-11所示。

图5-6-11

　　这样我们就完成了这张照片的调色，可以看到可选颜色这个功能还是非常强大的，它能够细化非常多的颜色，并且对照片中的每一种色系进行细微调整。后续随着一些实战案例的展开，对于可选颜色功能的使用可能会更频繁一些。

CHAPTER 6

第6章
提升照片的
艺术表现力

照片的艺术表现力是指照片所传达的情感、氛围和视觉效果。本章将介绍一系列方法和技巧，帮助大家理解并掌握如何使照片更具艺术性和表现力，为照片注入更多的创意和个性，使之更具吸引力和感染力。

6.1 影调的合理性

本节讲解直方图与照片影调的相关性，以及如何借助直方图来判断照片的影调，让照片的影调变得更加合理，从而提升照片的艺术表现力。

6.1.1 直方图与照片影调

打开照片，如图6-1-1所示，在界面的右上方可以看到直方图，无论是ACR还是Photoshop界面的右上方都可以看到直方图，之前我们已经讲过直方图的相关知识，现在来看这个直方图会发现这张照片暗部的像素是非常少的，亮部像素也不算特别多，大部分像素都集中在中间调的区域，由此我们可以知道，缺乏暗部和高光像素的照片会显得不够通透，看起来很闷。

图6-1-1

要改变这种状态可以降低"黑色"，追回暗部的像素，如图6-1-2所示，当然不能让暗部的像素过多，导致左上角和右上角的三角标变白，变白之后就表示暗部有大量的像素变为"死"黑，损失了暗部细节。至于当前显示蓝色，表示暗部有蓝色信息的损失，只损失了蓝色像素会导致暗部的色彩发生一定的失真，但明暗的信息仍然存在。

图6-1-2

　　对于高光区域提高"白色"，如图6-1-3所示，如果三角标变白也是不行的。暗部与高光像素多了之后，可以发现照片的通透度就得到了提升，而从直方图看像素的分布更均匀，照片画面就好看了很多。

图6-1-3

　　接下来就可以按照我们之前所讲的知识点，降低"高光"值追回亮部的一些层次细节，提高"阴影"值追回暗部的一些层次细节，如图6-1-4所示。

图6-1-4

　　绝大多数照片的直方图的波形都是如此，从暗到亮分布比较均匀，从纯黑到纯白都有像素分布，并且在纯黑和纯白位置没有出现大量像素堆积，这是比较合理的直方图。

　　这张照片如果我们大幅度提高"曝光"值，如图6-1-5所示，可以看到大部分像素位于中间以及亮部区域，是一种向右的斜坡状，结合照片画面我们就可以看到曝光过度，是不合理的。

图6-1-5

降低"曝光"值，如图6-1-6所示，发现大部分像素集中在直方图的左侧，也就是中间调以及暗部区域，很明显对应的是曝光不足的照片，也是不合理的。

图6-1-6

由此可见，借助直方图可以来很好地指导我们调整照片的明暗，在显示器不是很准确时，直方图就显得更加重要。

除曝光过度和曝光不足之外，还有一种直方图的形式比较特殊，比如大幅度提高"对比度"的值，会发现高光和最暗的部分细节都有损失，从直方图来看暗部和高光出现了大量的像素堆积，如图6-1-7所示，这是反差过高的画面，虽然通透度足够，但由于明暗的层次跳跃性太大，导致照片的影调不够合理。

图6-1-7

很多初学者喜欢大幅度提高对比度来提升照片的通透度，就非常容易出现这种情况，所以在实际的修片过程中，特别是对于一些反差过大的情况，我们有时也要降低对比度。

以上介绍了直方图的几种形态。通过一张照片不同的直方图演变，对应照片不同的影调表现，我们就可以知道照片应该调整到什么程度才能有更好的艺术表现力。

6.1.2　特殊直方图对应的场景

实际上在摄影创作中，我们也可能会遇到非常复杂的情况，即直方图看起来可能不合理，但照片画面很合理。下面我们来看四种比较特殊的情况。

首先看第一种，照片本身是一张黑白照片，如图6-1-8所示，画面的效果还是比较唯美有意境的，但看直方图我们就会发现大部分像素集中在一般亮度区域，暗部和高光区域都缺少像素，但这就是我们追求的朦胧、唯美的意境，虽然看似反差过小，但实际上是一种比较特殊的情况，我们不能仅凭直方图就认定照片的明暗不合理。

再来看第二种，如图6-1-9所示，从直方图来看，这张照片暗部有像素损失，亮部有大片的像素堆积，中间调区域缺乏像素，但如果看照片画面就会知道这是一张非常简洁的、高反差的画面，在拍摄逆光的场景时就很容易出现这种问题，光源位置出现大片高光，逆光的剪影区域出现大片比较暗的像素，而中间调区域缺乏像素。

图6-1-8

图6-1-9

再来看第三种，如图6-1-10所示，看直方图这是一张明显曝光不足的照片，但看照片画面就会知道夜景就是如此，如果我们把照片提亮，反而没有了夜景优美的意境。

图6-1-10

与之相对应的是第四种情况，如图6-1-11所示，这张照片整体亮度非常高，直方图是曝光过度的，但实际上在拍摄一些比较明亮的场景，如海滩，特别是强光照射下的浅色海滩，还有雪景，画面就应该是这种高亮的状态。

图6-1-11

　　以上总结了直方图的不同形式。掌握了这些知识，我们可以更好地理解一张照片的直方图，并合理地控制照片的明暗。此外，对于画面整体明暗的把握，需要结合直方图和具体的画面来进行分析。当我们掌握了直方图与画面之间的相互关系，就能更好地控制照片的曝光，从而提升照片的艺术表现力。

6.2　确定照片主色调

6.2.1　主色调与统一色调

　　本节讲解如何对照片的色调进行控制，从而让画面更具艺术表现力。我们经常听到这样一句话，照片要色不过三，所谓色不过三，并不是指照片中的色彩不超过三种，那也是不现实的，而是指照片的主要色调不要超过三种，就是照片中无论有多少种色彩，都要服从于照片单一的或一两种主色调，这样画面就会非常好看。下面我们通过具体的照片来进行讲解。

　　打开照片，如图6-2-1所示，可以看到画面的构图布局是非常合理的，并且画面的影调层次也比较理想，但从色彩的角度来看，画面显得比较脏，不够干净。右上角和右下角的蓝色与暖色主色调反差很大，而中间部分的水草，有的偏黄色有的偏橙色，反差也比较大，这些色彩与主色调的融合度都不是很好。

图6-2-1

再来看下如图6-2-2所示的照片，可以看到画面右上角和右下角的蓝色得到了削弱，不再那么明显，掺入了一定的暖色调，画面整体就干净了很多，实现了初步的统一色调处理。

图6-2-2

继续来看下一步的处理效果，如图6-2-3所示，可以看到照片中的其他色彩也掺入了更多的主色调成分，画面的统一色调效果更加明显了，画面整体显得干净清爽，这就是统一色调的重要性。

图6-2-3

6.2.2 单色系、双色系与三色系

之前我们介绍过，照片只有经过统一色调，画面的色彩才会变得协调，画面整体才会变得好看。但并不是说，确定主色调之后要把所有的色彩全都统一到主色调上，而是要保留一些特定的色彩层次，这时就会涉及以下三种具体的情况。

首先第一种是单色系，如图6-2-4所示，这张照片的画面中只有橙色这一种主色调，岸边有一些绿色的垂柳，我们给它统一到了偏橙的色彩上，除了橙色之外，中间的部分是一些灰色以及黑色，这些灰色和黑色的区域构成了无彩色，也就是说单色调的画面中一定要有无彩色，无彩色区域可以让观看者的视线得到休憩，丰富画面的影调和色彩层次，同时避免画面色彩和影调层次显得太过单调。

图6-2-4

　　如果将中间的无彩色区域填满橙色，画面会显得不够自然。相反，无彩色区域反而成了画面的重点，形成了单色系。这种单色系画面容易处理，整体上看起来非常干净。一般来说，像这样的暖色单色系画面，黄色和红色会向橙色偏移，最终呈现出橙色系画面。如果是冷色单色系画面，紫色和青色可能会向蓝色偏移，最终形成青蓝色的单色系画面。

　　第二种是双色系，如图6-2-5所示，可以看到草原上的一些黄色、绿色等都被统一成了蓝灰色，与远山构成了地景，而天空中的黄色、红色和橙色都统一成了洋红，最终构成了洋红和蓝灰两种色系，蓝灰占据画面80%以上的比例，而洋红只占据不到20%的比例。其实这也反映了双色系画面的特点，即两种色系一定要以一种为主，另外一种为辅，为主的色系要占据画面70%以上的比例，辅助色不能占据太多的画面比例，如果比例过高，就会产生冲突，画面会有割裂感。

　　接下来再看三色系，如图6-2-6所示，这张照片青蓝色是主色调，占据了画面很大的比例，另外两种色彩是黄色和红色，当然黄色中还包含一部分树叶。青蓝色约占画面80%的比例，而黄色占据画面百分之十几的比例，红色占据的比例更小，我们可以将黄色称为辅助色，而红色称为点缀色，这样画面整体会显得比较协调。如果黄色和红色的比例过大，画面就会变得比较乱，这是三色系画面的一个重点，即辅助色和点缀色比例一定不能过高，这样三色系的画面才会得到比较好的效果。

图6-2-5

图6-2-6

　　可能有人会问，为什么没有四色系、五色系，其实非常简单，前面我们讲过，摄影有一条最基本的美学原理，色不过三。当然这也不是绝对的，只适用于大部分情况。我们通过在不同的色彩中插入主色调的成分，最终可以让画面整体变得协调完整起来，大家对照片进行调色时就要注意，要先确定画面是单色系、双色系还是三色系，确定好之后再按照本节所讲的调色配比去处理画面，通常可以得到比较好的效果。

6.2.3 怎样确定主色调

下面讲解如何确定画面的主色调。

第一种是以光源色作为画面的主色调，如图6-2-7所示，可以看到日出时分画面的整个环境是偏暖的氛围，将地景偏冷的色彩掺入一定的暖色调成分，将天空的蓝色也加入暖色调成分，整体画面就有了一种暖调的氛围，画面看起来就会比较自然，因为它是符合自然规律的。

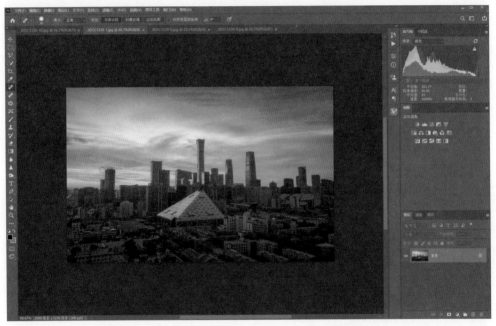

图6-2-7

第二种是以环境色作为画面的主色调。如图6-2-8所示，可以看到画面中有室外的光线，有室内的灯光，整体光线环境比较杂，但外部的光线有一些偏暖，墙壁偏暖，室内的灯光也是偏暖的，整体是一种米黄色的环境光线，所以我们就将这种环境色确定为主色调，在室内一些比较暗的区域加入米黄色，在纯灰的无彩色中也加入一定的米黄色，包括在人物的皮肤中也加入米黄色，整体画面就会比较自然，画面看起来就会比较协调。

图6-2-8

如图6-2-9所示，可以看到画面中虽然有灯光，但灯光光源面积比较小，夜晚时分的环境中，色温比较高，所以我们以蓝灰色作为主色调，这同样是以环境色作为主色调的案例，暖色调的灯光作为点缀色出现，效果比较自然。如果我们将这种夜景照片大面积的阴影区域渲染为暖色调，画面即便再干净也会难看、不自然。

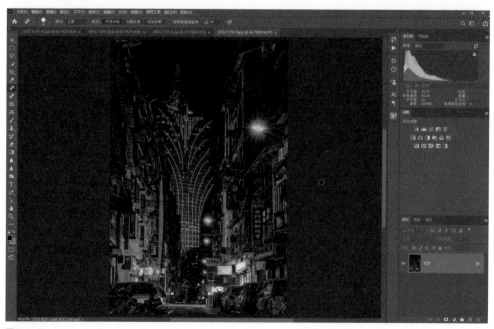

图6-2-9

再来看第三种，如图6-2-10所示，这张照片看起来没有进行任何的色彩偏移，背景的灰色、人物的肤色还原得都非常准确，这是一种比较特殊的情况，就是以画面元素的固有色作为主色调，这种固有色本身就是无彩色，降低了各种色彩原有的饱和度，因此画面整体看起来色彩比较协调。这种以固有色为画面主色调的在一些商业摄影、商业产品摄影、商业人像摄影中比较常用。

我们在后期处理时，根据以上三个原则来确定画面的主色调，通常都可以得到比较好的效果。

图6-2-10

6.3 照片饱和度的检查与调整

本节讲解如何检查照片中饱和度过高或过低的区域，并对照片进行相应调整，以使整体色相和饱和度更为协调。在之前的内容中我们讲过，通过直方图就可以直观地衡量照片的明暗情况，但对于饱和度，可能许多人还不太了解，因为它没有一个直观的指标，通常需要依靠肉眼观察。然而，饱和度实际上也存在一套比较标准的检查操作流程。借助这套流程，我们可以检查照片中饱和度过高或过低的位置，并对其进行相应的饱和度提升或降低，甚至可以对一些饱和度缺失的位置进行补色操作。

6.3.1 检查画面的饱和度

打开如图6-3-1所示这张照片，可以看到画面整体的效果还是比较理想的，但如果仔细观察会发现有一些区域的色彩饱和度有问题，比如照片中的红色饱和度非常高，是否过高需要后续检查，人物的皮肤部分有些位置饱和度比较适中，但另外一些位置，像眼袋处感觉发暗、发黑，其实它并不是真的黑，而是这一片区域的饱和度比较低，确定了这些问题后，我们需要对这些问题进行改善。

图6-3-1

首先创建一个可选颜色蒙版调整图层，如图6-3-2所示。

在这个调整图层中，将颜色后的6种色彩列表中的黑色都降到最低，并且要注意选择下方"绝对"这个选项，现在我们先将红色中的黑色降至最低，然后再按同样的操作方式将下方其他色彩列表中的黑色都降至最低，如图6-3-3和图6-3-4所示。

接下来再选择下方的白色、中性色和黑色，它们分别对应的是照片中的高光区域、一般亮度区域和暗部，将这三个选项中的黑色提到最高，此时我们会发现照片变为了黑白状态，并且明暗有一定的分布，如图6-3-5和图6-3-6所示，在这个黑白界面中，亮度越高的位置表示饱和度越高，越黑的位置表示饱和度越欠缺。

图6-3-2

图6-3-3

图6-3-4

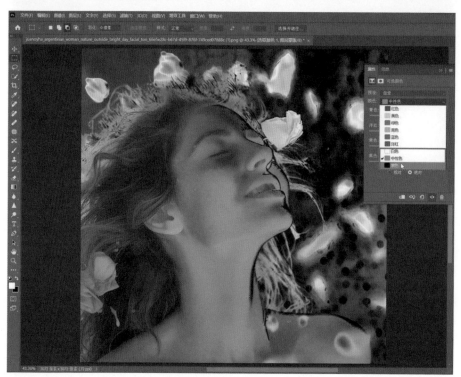

图6-3-5

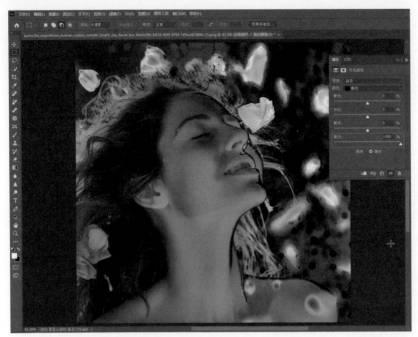

图6-3-6

通过这种方式我们就检查出了饱和度过高或过低的问题，针对这种情况可以再次创建一个曲线蒙版调整图层，创建一条S形曲线，增加画面的反差，这样可以让明暗的对比更强烈一些，如图6-3-7所示，不用担心这个曲线会对画面产生影响，因为无论是上方的可选颜色蒙版调整图层还是曲线蒙版调整图层，都只是为了检查而做的操作。

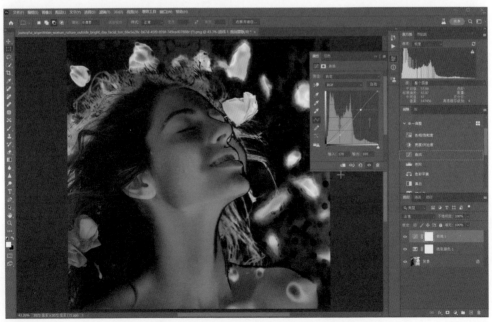

图6-3-7

现在我们就检查出了照片中最亮的区域，可以按键盘上的"Ctrl+Alt+2"组合键，为高光区域建立选区，如图6-3-8所示。

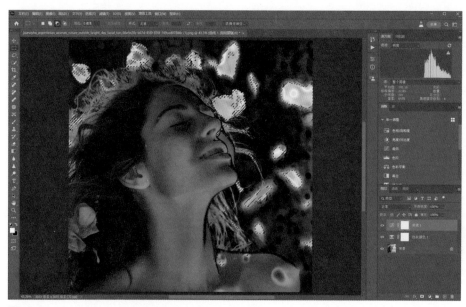

图6-3-8

6.3.2 调整画面的饱和度

建立选区之后，隐藏之前创建的两个检查图层，然后再次创建一个"色相/饱和度"调整图层，如图6-3-9所示，当前的这个图层针对的是所选择的饱和度过高的区域，直接降低饱和度，如图6-3-10所示，可以看到降低饱和度之后，红色与画面整体的色彩融合度就更高了。

图6-3-9

图6-3-10

最后隐藏上方的"色相/饱和度"调整图层，观察原照片与当前效果的对比，会发现降低饱和度之后，画面整体的色彩更协调，这就是饱和度检查与调整的技巧。

6.4 照片补色的技巧

本节讲解如何对照片中一些饱和度过低的区域进行调整。

打开如图6-4-1所示的照片，可以看到人物眼袋部分的饱和度过低，我们不能直接提高此处的饱和度，因为这个区域是丢色的，针对这个问题我们需要首先显示出中间的检查图层，然后单击选中最上方的这个图层，再单击图层面板右下角的"创建新的空白图层"，覆盖一个空白图层，如图6-4-2所示。

图6-4-1

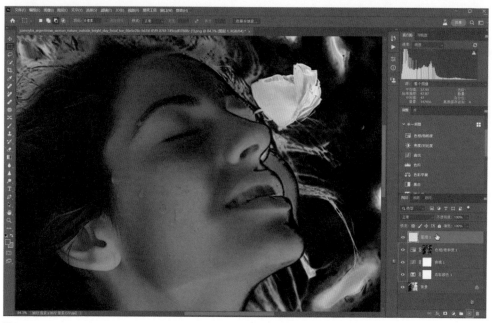

图6-4-2

接下来在工具栏中选择"吸管"工具,在人物的正常肤色位置单击取色,可以看到前景色就被吸取成为了皮肤的颜色,隐藏中间的几个图层,如图6-4-3所示。

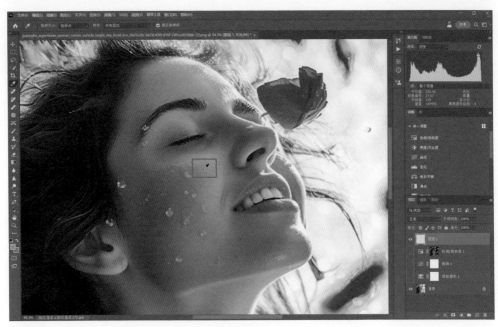

图6-4-3

　　选择"画笔"工具，设定柔性画笔边缘，然后调整画笔的直径，在饱和度有欠缺的位置进行涂抹，如图6-4-4所示，可以看到涂抹之后严重失真，与周边无法融合。

图6-4-4

　　降低最上方这个图层的不透明度，但是降低不透明度之后的效果仍然不够理想，如图6-4-5所示。

图6-4-5

　　将图层的混合模式改为"颜色"，这样涂抹的区域与周边的过渡就比较理想了，如图6-4-6所示。

图6-4-6

　　然后缩小照片再次对比观察，如图6-4-7和图6-4-8所示，可以看到补色的效果是非常理想的，这样这张照片就完成了补色的调整。

图6-4-7

图6-4-8

最后，再显示出之前饱和度过高位置色彩的调整图层，删掉检查图层，如图6-4-9所示。

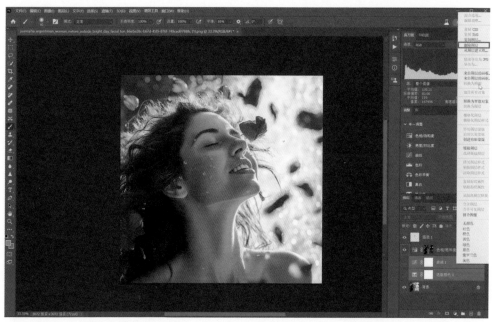

图6-4-9

　　可以看到当前的画面色彩整体更协调，效果更理想，提升了画面的艺术表现力，无论是饱和度的局部检查、局部调整还是补色的处理，都是比较高级的技巧，在专业的商业人像摄影中是比较常用的。

CHAPTER 7

第 7 章
照片二次构图的高级技巧

本章讲解照片二次构图的高级处理技巧，构图是摄影创作中非常重要的一个环节，决定了摄影创作的成败。在实际拍摄中，我们可能因为器材的限制或是拍摄角度的限制，无法直接拍摄到构图比较合理的画面，这时就需要在后期软件中进行裁切，也称为二次构图，最终可以让画面呈现出更合理的构图形式，让画面的艺术表现力更好。

照片二次构图的基本操作

二次构图有非常多的设定和裁切方式，最简单的一种是直接裁掉照片中的干扰，这非常简单，没有太多需要讲解的理论方面知识。

打开照片之后，在工具栏中选择"裁剪"工具，在上方可以设定各种不同的比例，方形 、2:3、16:9等，如果要保持原照片的比例，勾选原始比例就可以了，如图7-1-1所示。

图7-1-1

如果想要不限定比例进行裁剪，可以清除掉所有的比例限定，直接将鼠标移动到照片的边线上，进行拖动就可以裁掉一些干扰物，可以看到快速裁切让画面变得比较理想，更符合我们的要求，如图7-1-2和图7-1-3所示。

图7-1-2

图7-1-3

如果照片有比例的限定要求，类似于16:9、2:3等，那么就直接选择，如图7-1-4所示，当前看到的是2:3，如果我们想要的是3:2，只要单击比例中间的"高度和宽度互换"，就可以进行切换，如图7-1-5所示。

图7-1-4

图7-1-5

　　如果觉得3:2的比例不如之前原照片的比例好看，展开历史记录回到上一步即可，如图7-1-6所示。

图7-1-6

　　完成裁切之后，在要保留的区域内双击鼠标左键，或是单击选项栏的"提交当前裁剪操作"即可，如图7-1-7所示。

图7-1-7

7.2 画面的紧凑度与环境感

在掌握了"裁剪"工具的使用方法以及最简单的二次构图方法之后，本节讲解几种比较重要、也比较有难度的二次构图技巧。

首先来看一种比较有难度的、调整画面主体比例的二次构图技巧，如图7-2-1所示，可以看到这是一个故事感很强的画面，草原上一些人围着桌子在交谈，神态各异，对于类似的画面我们要关注的点有两个，一是人物所处的场景，我们要让这个场景呈现出足够多的环境感，把环境信息交代好，二是要捕捉人物的肢体动作和表情，因为这对于人物来说是最重要的。但这两者是矛盾的，如果大幅度裁剪，画面的环境感就会变弱，而如果像当前画面保留足够多的环境信息，人物的肢体动作和表情就会不清晰。这需要我们通过大量拍摄和二次构图的经验积累，来提高自己的能力。

图7-2-1

图7-2-1所示的这张照片，环境感比较强，但人物的表现力有所欠缺，因此可以适当裁切画面，如图7-2-2所示，可以看到适当裁剪之后，人物的表情、动作更好了，画面的故事感也更强了，同时兼顾了一定的环境感。

图7-2-2

最终我们得到这样一张照片，如图7-2-3所示，兼具环境感与人物的表现力。实际上除了这种民俗写实类的题材，风光题材也应该如此，既要兼顾环境感，又要兼顾画面的故事性和可读性。

图7-2-3

7.3 改变画面背景比例

本节讲解改变画面背景比例的二次构图技巧。打开如图7-3-1所示的照片，可以发现这张照片的地景是非常精彩的，天空也具有很好的表现力。传统的摄影构图理念告诉我们，要让地景占据更大比例，如果地景不够精彩就让天空占据更大比例，所谓的更大比例一般是指占据画面的2/3。但在当前的摄影潮流中，类似于这种天空与地景都非常好的画面，是可以适当尝试让天空与地景比例相近的构图方式的，但是采用这一类构图方式时一定要避免画面出现割裂感，解决这个问题最好的办法就是在天空与地景中间的部分，通过太阳或其他一些建筑物进行连接，这样画面的割裂感就不那么强了。

图7-3-1

7.3.1 提取天空

不要着急选择裁剪工具进行裁切，可以先在工具栏中选择"矩形选框"工具，选取天空的绝大部分，为天空区域建立选区，如图7-3-2所示，然后按键盘上的"Ctrl+J"组合键，将整个的天空部分提取出来，作为一个单独的图层，隐藏背景图层，如图7-3-3所示。

图7-3-2

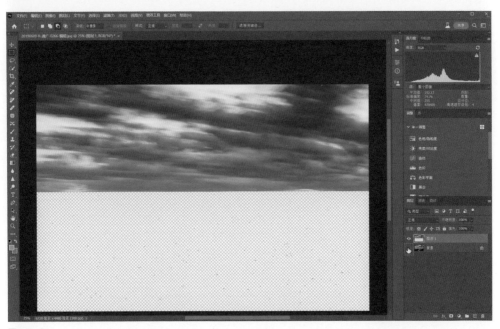

图7-3-3

7.3.2 变形处理

　　提取天空之后，按键盘上的"Ctrl+T"组合键，对天空进行变形处理，如图7-3-4所示。

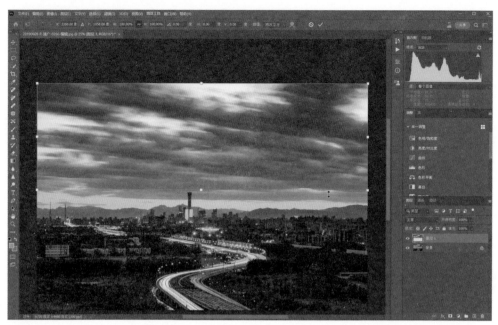

图7-3-4

    按住键盘上的Shift键，将鼠标光标移动到天空的上边缘线上，点住向下拖动，可以看到天空部分被压扁了，如图7-3-5所示，然后按键盘上的Enter键完成变形，如图7-3-6所示。

图7-3-5

图7-3-6

7.3.3　裁去多余部分

再选择"裁剪"工具，裁掉画面上方多余的部分，在要保留的区域内双击鼠标左键完成裁剪，如图7-3-7所示。

图7-3-7

这样就完成了天空比例的缩小，并且保留了边缘比较自然的状态，如果感觉天空还是太大，我们可以先将两个图层拼合起来，如图7-3-8所示。

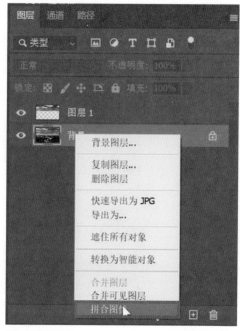

图7-3-8

7.3.4 再次压缩天空

再次选择"矩形选框"工具，对天空进行压缩，最后让天空与地景的比例更符合预期，如图7-3-9、图7-3-10和图7-3-11所示，通过变形来改变照片中某些区域的比例，从而改变画面的构图形式，并不是简单裁掉一些局部区域就可以完成的，而是通过变形来保留大部分的纹理。

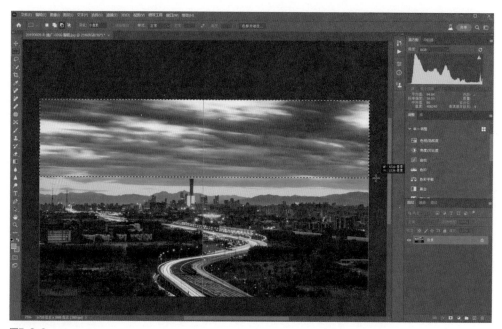

图7-3-9

图7-3-10

图7-3-11

　　这种方法除了可以对天空、水面、森林、草原等场景进行调整之外，也可以对一些城市建筑进行变形处理，当然对于城市建筑的变形处理就不能有太大的调整幅度，避免失真。在检查后确认照片的各区域比例都比较合理之后，再次"拼合图像"，如图7-3-12所示。

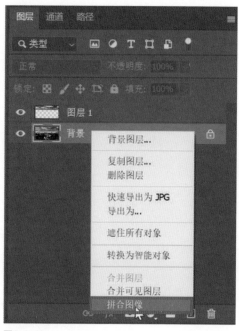

图7-3-12

7.3.5 扩充区域

选择"裁剪"工具，单击照片出现裁剪边线之后，将鼠标移动到上边线上并向上拖动，这样照片可以被扩充出一片区域，然后按键盘上的Enter键，如图7-3-13和图7-3-14所示。

图7-3-13

图7-3-14

7.3.6 变形处理

　　选择"矩形选框"工具，选择下方有像素的照片区域，如图7-3-15所示，然后按键盘上的"Ctrl+T"组合键，再按住键盘上的Shift键向上拖动照片，如图7-3-16所示，这样可以改变画面的长宽比，让地景占据更大比例，调整后的效果会更好一些。要注意的是，城市建筑上下拖动的幅度不能太大，如果继续向上拖动，地面的建筑群比例就会严重失真。

图7-3-15

图7-3-16

可以看到通过多次变形拉伸，让画面的构图完全变了样子，画面整体更协调，比例也更合理。

 ## 处理暗角并改变主体位置

7.4.1 影调调整

首先将照片在ACR中打开，如图7-4-1所示，原始照片灰蒙蒙的、不够合理，所以我们在ACR中展开"基本"面板，单击"自动"，照片影调层次会得到自动优化，如图7-4-2所示。

当然这种自动优化效果往往不够理想，我们可以再次进行手动的调整，包括提高"去除薄雾"的值、追加"清晰度"值和"纹理"的值，降低"饱和度"，经过手动调整之后，整体的影调层次就好了很多，如图7-4-3所示。

图7-4-1

图7-4-2

图7-4-3

7.4.2 几何校正

影调层次调整好之后，我们会发现画面依然存在问题，水平线是倾斜的，针对这种情况可以切换到"几何"面板，在其中直接单击"自动调整"，校正照片的水平线，如图7-4-4所示。

图7-4-4

然后单击"打开"，将照片在Photoshop中打开，如图7-4-5和图7-4-6所示，此时的照片存在一些明显问题，画面的左上角和右上角存在暗角，视觉中心的建筑也不在画面的正中间，有些偏左，看起来不太协调，接下来我们逐个问题进行解决。

图7-4-5

图7-4-6

7.4.3 去除暗角

首先处理暗角，可以按键盘上的"Ctrl+A"组合键，全选当前的照片，然后单击点开"编辑"菜单，选择"变换"命令，再选择"变形"，如图7-4-7所示。选择变形之后可以看到，照片出现了变形的线条，如图7-4-8所示。

图7-4-7

图7-4-8

　　将鼠标移动到画面的左上角和右上角，点住有暗角的位置上的锚点向外拖动，如图7-4-9所示，刚好将暗角拖出画面之外就可以了，幅度不宜太大，否则会对画面中间的区域产生影响。

图7-4-9

　　将暗角拖出画面之外后,按键盘上的Enter键就完成了二次构图,暗角被修掉了,然后按键盘的"Ctrl+D"组合键取消选区,如图7-4-10所示。

图7-4-10

7.4.4 主体居中

接下来再解决建筑位置的问题，类似这种问题，可以通过挤压建筑两侧的区域来调整建筑的位置，让建筑正好位于画面正中间的位置。在工具栏中选择"矩形选框"工具，然后框选建筑右侧的区域，如图7-4-11所示。

图7-4-11

框选之后按键盘上的"Ctrl+J"组合键，然后再按键盘上的"Ctrl+T"组合键对右侧这片区域进行变形，按住Shift键向左拖动，如图7-4-12所示，可以看到通过拖动，右侧的区域与左侧的区域大小基本相等，最高的建筑此时位于画面的正中间了。

图7-4-12

在"图层"面板中单击背景图层空白处，在弹出的菜单中选择"拼合图像"，将这个图像拼合起来，如图7-4-13所示。

图7-4-13

然后在工具栏中继续选择"矩形选框"工具，框选变形之后的画面，如图7-4-14所示，再按键盘上的"Ctrl+T"组合键，按住Shift键点住右侧的边线，将画面向右拖动到与之前垂直边线重合的位置，如图7-4-15所示。

图7-4-14

图7-4-15

　　按键盘上的Enter键，再按"Ctrl+D"组合键取消选区，通过这样简单的调整就可以让中间最高的建筑处于画面正中间的位置，即改变照片中视觉中心的位置，从而让画面整体显得更加协调。

7.5　改变主体比例

　　本节讲解另外一种比较好用的、主要在风光摄影后期中使用的一种二次构图技巧。

　　如图7-5-1所示这张照片，画面中有非常雄伟的长城，周边云海弥漫，是非常优美的场景。但观察当前的照片会发现明显的问题，作为主体的长城占画面比例太小，画面整体显得不够紧凑，针对这种情况可以直接裁掉四周过于空旷的部分，让主体显得更突出一些，但是这样做就会导致损失掉四周特别多的云海，让画面的环境感变弱。针对这种情况，我们可以将画面的主体部分放大，兼具环境感的同时让主体的表现力更强一些。

图7-5-1

7.5.1 选取主体

　　首先选择"矩形选框"工具，然后将画面中间的长城部分选取出来，如图7-5-2所示，然后按键盘上的Ctrl+J组合键，将其提取为一个单独的图层，如图7-5-3所示。

图7-5-2

图7-5-3

7.5.2 放大主体

  按键盘上的"Ctrl+T"组合键,将其放大,如图7-5-4所示,然后再按键盘上的Enter键完成变形,如图7-5-5所示。

图7-5-4

图7-5-5

7.5.3 将主体与画面融合

　　将主体放大之后，这一部分与四周的融合度不是很好，这时可以在"图层"面板下方单击"创建图层蒙版"，为上方变形的区域创建一个蒙版，如图7-5-6所示。然后在工具栏中选择"画笔"工具，将前景色设置为黑色，在变形的这片区域四周进行擦拭，如图7-5-7所示，这样就完成了主体放大的二次构图。

图7-5-6

图7-5-7

  隐藏上方变形之后的图层，可以看到原图的主体非常小，放大之后主体大小就变得合理了，如图7-5-8和图7-5-9所示。

图7-5-8

图7-5-9

另外一个需要注意的点就是变形之后的边缘有些位置会失真，所以要缩小画笔直径，在失真位置进行擦拭，如图7-5-10所示。

图7-5-10

擦掉四周失真的区域后画面效果就会好起来，如果感觉擦拭的效果不理想，还可以将前景色改为白色，对这片区域进行修改，如图7-5-11所示。这就是高级的二次构图技巧，对于主体进行放大，从而让画面整体的结构更协调。

图7-5-11

CHAPTER 8

第8章
照片画质与像素优化

　　照片的后期处理主要包含四大方面，第一个是照片影调的重塑，第二个是照片的调色，第三个是照片的二次构图，第四个是照片的画质优化，经过这四方面的调整，照片基本就能达到出图的标准，之前我们已经讲了前三个方面，本章我们将介绍照片画质与像素优化的相关技巧。

　　照片的画质与像素优化其实主要包括锐化和降噪两个方面，锐化是指对照片的画质清晰度进行提升，让景物的细节更细腻、更清晰、更锐利，而降噪是指消除因为长时间曝光或高感光度拍摄所带来的噪点，当然在修图的过程中，对明暗和色彩的调整也可能产生一些噪点，同样也需要进行消除，最后就会得到画质比较细腻的照片。

　　对于照片画质的优化，可以在ACR中进行，也可以在Photoshop中进行，还可以借助第三方的插件进行比较智能的锐化与降噪。

8.1 ACR锐化的技巧

　　首先来看ACR中的照片锐化与降噪，如图8-1-1所示的这张照片，是借助无人机航拍的城市夜景，感光度是ISO 400。经过了暗部的提亮，可以看到暗部有非常多的噪点，画面显得不是很干净，对于这种情况我们就需要进行锐化和降噪双重处理。

图8-1-1

　　这张照片之前已经调整过影调和色彩了，并且进行了二次构图，那么接下来就需要进行画质的优化。在ACR中对照片的画质优化主要是在"细节"面板中进行，展开"细节"面板，如图8-1-2所示，可以看到两组主要的参数，一组是"锐化"参数，另外一组是下方的手动"降噪"参数，至于中间的"减少杂色"是使用AI减少杂色，也是降噪，我们将在下一章进行讲解。

　　先来看锐化，放大照片可以看到建筑的边缘轮廓并不是特别清晰和锐利，如图8-1-3所示，针对这种情况，可以直接提高"锐化"值，如图8-1-4所示，提高之后，建筑边缘的轮廓变得更清晰了。

图8-1-2

图8-1-3

　　但是画面中的噪点也变得更严重了，也就是说对照片的锐化是强化像素之间的明暗以及色彩差别，这样很多噪点也会变得更明显，我们要锐化的是景物的边缘轮廓，大片的平面、没有重点景物的区域是不需要进行锐化的，让它保持更光滑的像素过渡，效果会更好一些。

图8-1-4

　　按住键盘上的Alt键拖动"蒙版"滑块，可以看到随着"蒙版"值的提高，照片中有一些区域变为黑色，另外一些区域依然保持白色状态，如图8-1-5所示，白色区域是要进行锐化的区域，而黑色区域则不需要进行锐化，我们通过拖动"蒙版"就进行了限定，可以看到大片的天空区域和没有主要景物的区域都不需要进行锐化，而建筑物的边缘要进行锐化。

图8-1-5

通常情况下，大幅度提高"蒙版"的值可以起到一定的锐化区域控制的效果，放大照片可以看到，如果把"蒙版"的值降至最低，天空的噪点更严重，如图8-1-6所示，而"蒙版"值提上来以后，天空平滑了很多，如图8-1-7所示，这就是"锐化"参数组中"锐化"和"蒙版"这两个调整项的意义。

图8-1-6

图8-1-7

还有两个比较重要的调整项，一个是"半径"，一个是"细节"。"半径"与"锐化"有些相似，它也是用于提升锐化的强度，不同的是，"半径"是指锐化影响的范围，"半径"值越大表示影响的范围越大，锐化效果越明显，并且"半径"值对于锐化幅度的影响会比"锐化"值更强，我们通常重点要提高"锐化"的值，而"半径"的值保持默认就可以了，除非是特别不清晰的画面。

"细节"值则正好相反，锐化之后会模糊掉一些噪点，但是这种模糊会导致画面的清晰度降低，"细节"值如果提得非常高，表示不要进行模糊，要呈现出更多细节，从而导致锐化的效果降低，通常保持默认值就可以。

对这张照片初步完成了锐化，如图8-1-8所示，可能看起来不是那么明显，但如果仔细观察就会发现，提高"锐化"值之后的画面确实变得更清晰了。

图8-1-8

8.2 ACR降噪的技巧

本节讲解照片降噪的技巧，之前我们讲过，夜景下拍摄的照片提亮暗部之后会产生大量噪点，尤其是当前的无人机高感性能还没有办法跟专业的无反相机或单反相机相比，噪点尤为严重。降噪参数如图8-2-1所示。

首先来看明亮度，明亮度影响的是照片中的所有噪点，只要提高明亮度的值，噪点就会被模糊掉，画质会变得更平滑，但照片锐度会下降，因为它不仅仅模糊掉了平面上的像素，也包括景物边缘轮廓上的像素。

我们可以提高明亮度的值来进行观察，如图8-2-2所示，可以看到噪点消失画面变得更干净，但是景物的轮廓也没有那么清晰了，并且很多区域出现了一种涂抹感，所以提高明亮度虽然可以消除噪点，但不宜提得太高，通常来说一般不要超过30，推荐使用15~20之间的参数，如图8-2-3所示，这样虽然消除不了所有的噪点，但是能够让景物保持良好的清晰度。

图8-2-1

图8-2-2

图8-2-3

　　"细节"值同样如此，如果提高"细节"值，会降低降噪的程度，因为要保持细节就不能模糊太多。至于"对比度"，没有必要进行调整，如图8-2-4所示。

图8-2-4

　　下方还有一个比较重要的参数是"颜色"，"颜色"主要用于消除照片中的彩色噪点，之前我们打开照片可以发现照片中没有彩色噪点，这是因为默认的"颜色"有一定的值，彩色噪点被消除掉了，如果把"颜色"的值降到最低，就可以看到照片中出现了很多彩色的噪点，如图8-2-5所示。

图8-2-5

在降噪时，最重要的两个参数就是"明亮度"和"颜色"，"明亮度"用于消除单色和其他大部分的噪点，而"颜色"用于消除彩色的噪点，可以看到通过"明亮度"和"颜色"的调整，照片的画质得到了进一步优化，整体来看既保持了原有的锐度，又消除了噪点，如图8-2-6所示。

图8-2-6

放大照片然后切换到对比视图，对调整前后进行对比，如图8-2-7和图8-2-8所示，可以看到原照片的画面非常模糊，并且有特别多的噪点，但经过锐化以及降噪调整之后，照片变得更清晰，并且噪点也更少了。

图8-2-7

图8-2-8

这是通过锐化与降噪对照片的画质进行优化，在ACR中对照片的锐化除了可以在"细节"中进行之外，还可以回到"基本"面板，借助"纹理"进行一定的锐化，"纹理"是像素级的清晰度提升，就是强化像素之间的差别，包括明暗和色彩的差别，这个我们之前讲过，提高"纹理"的值，如图8-2-9所示，可以看到画面变得更清晰了，但要注意无论是"清晰度""纹理"还是"去除薄雾"，都不能提得太高，否则画面中一些景物的边缘就会出现亮边，导致画面变得极不自然。至此我们就完成了这张照片的画质优化。

图8-2-9

8.3 Photoshop中的锐化与降噪

本节讲解在Photoshop的主界面中对照片画质进行优化的技巧，如图8-3-1所示，我们将这张照片在Photoshop中打开。

放大照片，可以看到噪点依然非常严重，按住空格键，单击照片并点住进行拖动，如图8-3-2所示，可以看到景物的边缘轮廓比较模糊。

图8-3-1

图8-3-2

8.3.1 USM锐化

针对这种情况，在Photoshop的主界面中找到"滤镜"，单击展开"滤镜"菜单，点击"锐化"，可以使用"USM锐化"，也可以使用"智能锐化"，通常来说"USM锐化"的效率更高，并且更简单一些，不会像"智能锐化"那样复杂，所以这里我们使用"USM锐化"，如图8-3-3所示。打开"USM锐化"对话框，如图8-3-4所示，其中可以看到"数量""半径"和"阈值"三个参数。

图8-3-3

图8-3-4

图8-3-5

"数量"是指锐化的强度，我们可以大幅度提高锐化的数量值，提到100左右时可以看到景物的轮廓更清晰，但是噪点也会变得更严重，如图8-3-5所示。

接下来再看"半径"这个参数，在ACR中对照片进行锐化时我们已经讲过，"半径"值是指锐化的范围大小，范围越大，锐化的区域也越大，叠加的次数也越多，自然锐化的强度也更高，"半径"本质是指像素范围，如果将"半径"设置为2，那么就是指两个像素的距离，如果半径是100，就是100个像素的距离，对100个像素范围内的所有像素都进行明暗与色彩的强化，锐化强度会非常高，容易失真，所以通常来说，这个"半径"值保持默认的1即可，如图8-3-6所示，或是设定为1.5或2都可以，"半径"值越大，锐化的效果越明显。

图8-3-6

接下来看"阈值"，它与"半径"正好相反，它是一个门槛，如果两个像素之间的明暗差别非常小，而"阈值"又设定得比较高，它们的明暗差别没有超过这个阈值，那么这两个像素之间就不进行锐化，也就是不进行明暗与色彩的强化。如果将"阈值"设定"得非常高，就会导致画面中大部分像素之间都不进行锐化处理，而如果将"阈值"设定得非常低，也就是没有门槛，那么所有像素之间不管有没有差别都要进行锐化。

图8-3-7

把"阈值"提到最高，如图8-3-7所示，可以看到锐化的效果立刻变得非常不明显，因为大部分像素之间都不进行明暗与色彩的强化了，这就是"阈值"的意义，所以默认的"阈值"是0，如图8-3-8所示。

图8-3-8

在USM锐化对话框的中间有一个非常小的视图，以100%的比例显示了照片的某一个局部区域，如图8-3-9所示。

图8-3-9

在照片中定位某个区域，然后将鼠标移动到这个视图上，单击会显示锐化之前的画面，如图8-3-10所示，松开鼠标是锐化之后的画面，如图8-3-11所示，可以看到锐化的效果还是很明显的。

图8-3-10

图8-3-11

这样我们就完成了对这张照片的锐化，最后单击"确定"返回就可以了。

8.3.2 减少杂色降噪

完成锐化之后就需要进行降噪处理了，降噪时依然要通过"滤镜"菜单来完成操作，单击点开"滤镜"菜单，选择"杂色"，选择"减少杂色"，如图8-3-12所示。

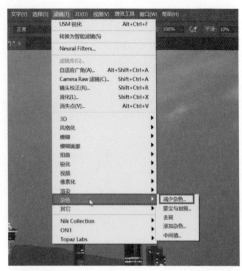

图8-3-12

减少杂色用于消除照片中的噪点，此时打开"减少杂色"对话框，在其中可以看到局部的视图，我们定位到其他的位置，如图8-3-13所示。

图8-3-13

在下方提高"减少杂色"的值，可以让画质变得更平滑，噪点更少，但与ACR的降噪一样，如果将"减少杂色"的值提得特别高，虽然噪点消除了，但会导致景物的轮廓也变得更模糊，因此我们要适当调整减少杂色的值，如图8-3-14所示。

图8-3-14

如果感觉"减少杂色"的值提高之后变化不明显，可以将"强度"提到最高，然后再提高"减少杂色"的值，并且把"锐化细节"的值稍稍降低一些，把"保留细节"的值也降低一些，降噪中的"保留细节"与降噪正好是相反的，如图8-3-15所示。

图8-3-15

可以看到经过调整，画面效果变好了很多，再次对比降噪前后的效果，如图8-3-16所示和图8-3-17所示，我们会发现降噪之后的画面明显变得更平滑了。

图8-3-16

图8-3-17

这就是在Photoshop主界面中进行降噪处理的方法，降噪完成之后单击"确定"就完成了对这张照片的锐化和降噪。

Photoshop中的高反差锐化

本节讲解在Photoshop中对画质进行优化的另外一种技巧，这是一种非常具有实战价值的锐化处理，并且锐化的强度非常明显，可控性也比较高，很多有丰富后期经验的摄影师都会使用这种方式，我们可以将其称为高反差锐化，当然它不包含降噪。

8.4.1 高反差保留

打开照片，按键盘上的"Ctrl+J"组合键复制图层，如图8-4-1所示。

图8-4-1

然后单击点开"滤镜"菜单，选择"其他"，选择"高反差保留"，如图8-4-2和图8-4-3所示，此时可以看到上方的照片画面已经变为灰色的状态，打开的"高反差保留"对话框中视图也是灰色的。

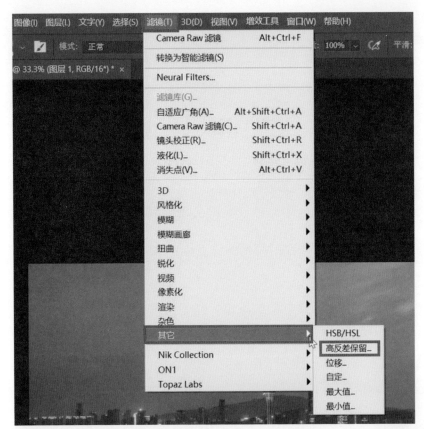

图8-4-2

图8-4-3

提高"半径"值，可以看到照片越来越接近于正常的照片，如图8-4-4所示。一般将半径值设定在1~3之间，如图8-4-5所示。设定"半径"值就是为了提取照片中的景物轮廓，因为通常来说景物的边缘轮廓才是高反差位置，"高反差保留"就是保留这些高反差的边缘。

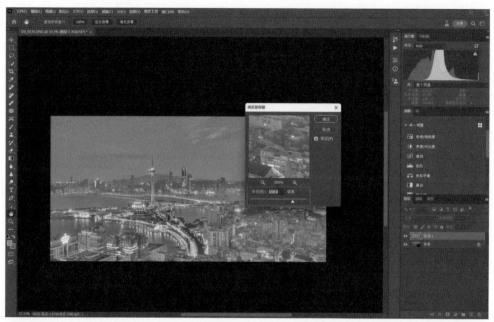

图8-4-4

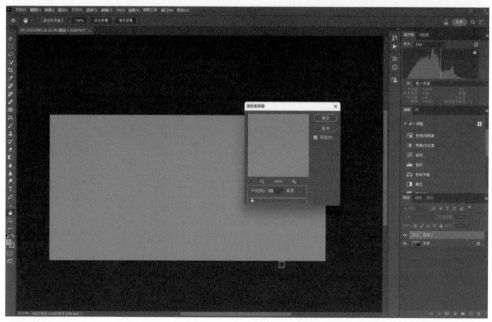

图8-4-5

保留下来之后直接单击"确定",可以看到上方景物边缘的轮廓被保留了下来,而天空这种平面区域则不会被提取,如图8-4-6所示。

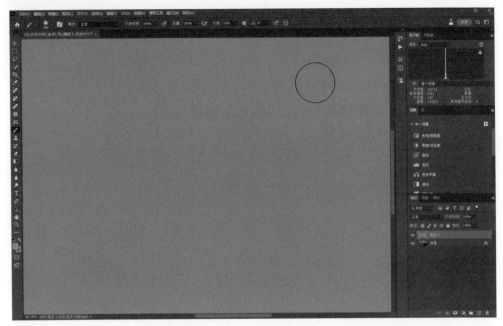

图8-4-6

8.4.2 改变图层混合模式

将高反差的线条图层混合模式改为"叠加"或是"柔光",这里先改为"叠加",如图8-4-7所示。

图8-4-7

然后放大照片，隐藏上方的图层，如图8-4-8所示，可以看到进行高反差保留调整之前，景物是朦胧的，没那么清晰锐利。再显示出高反差保留这个图层，如图8-4-9所示，可以看到景物轮廓的边缘变得非常清晰、锐利，而天空这种光滑的平面则没有变化。

图8-4-8

图8-4-9

高反差锐化的原理就是提取出这些高反差的边缘，再给画面叠加一层边缘，让边缘的轮廓更清晰，从而实现锐化的效果。这种高反差保留看似比较机械，但实际上比较智能，因为大片平面区域没有高反差的线条被提取出来，所以不进行锐化，只锐化有具体景物的区域。这种方式深受广大摄影师的喜爱。

如果使用高反差保留这种方式锐化的强度过高，可以降低上方这个图层的不透明度，这样锐化的程度就会降低，如图8-4-10所示。

图8-4-10

8.5 AI降噪：Nik Collection

本节讲解如何借助第三方插件对照片进行降噪。之前我们已经讲过。在Photoshop中有非常多的降噪功能，并且可以在锐化的同时阻止噪点的产生，但整体来看Photoshop本身的降噪功能还是偏弱一些，功能的设定也有一些复杂，所以很多插件开发出了降噪功能，采用了与Photoshop完全不同的算法从而让降噪效果更加明显，并且在消除噪点的同时尽量保持原有照片的锐度。时至今日，很多摄影师都会采用第三方插件进行降噪，常见的有Nik滤镜中的Dfine 2，还有Topaz等一些特定的插件，都有很好的降噪效果。本节案例中采用的是Nik滤镜中的降噪插件。

放大照片可以看到远处天空甚至近处的楼宇都有很多噪点，如图8-5-1所示。

图8-5-1

单击点开"滤镜"，选择"Nik Collection"，在其中选择Dfine 2，如图8-5-2所示，打开Dfine 2降噪面板，如图8-5-3所示。

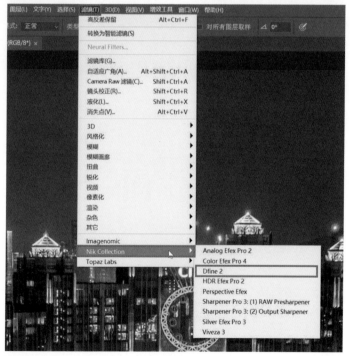

图8-5-2

图8-5-3

　　这个功能的强大之处在于它有非常好的降噪效果，并能保持照片原有的锐度，且操作非常简单，它会自动检测照片中的多个位置，检测之后直接进行降噪，将降噪效果显示在右下角的放大镜中，如图8-5-4所示。可以看到降噪之后画质变得很好。

图8-5-4

如果大家看不清楚，可以在主界面中直接切换到分割预览视图，如图8-5-5所示，然后放大照片，对Photoshop所使用的命令在这个插件中同样适合，按键盘上的"Ctrl++"组合键就可以放大照片，如图8-5-6所示，左侧是降噪之前的效果，右侧是降噪之后的效果，可以看到降噪之后画面中几乎没有噪点了。

图8-5-5

图8-5-6

然后按住键盘上的空格键，拖动改变观察的位置，如图8-5-7所示，左侧是降噪之前的效果，右侧是降噪之后的效果，可以看到降噪的效果是非常好的，并且降噪之后画面的锐度还保持得很好。

图8-5-7

如果想要在Photoshop软件本体中得到这样强烈的降噪效果，锐度可能已经惨不忍睹了，这就是第三方插件降噪的优势，它采用的是与Photoshop完全不同的算法，当前很多类似的一些插件或软件往往被称为AI人工智能，通过算法来实现一些特定效果，操作简单，不需要设定太多，也不需要去理解很多参数的具体意义，直接点开套用就可以了。

降噪完成之后，直接单击"确定"，返回Photoshop主界面，如图8-5-8所示。

这个插件是内置到Photoshop中的，可以看到降噪之后画面的画质变得非常好，如果感觉清晰度下降得有点多，可以适当降低降噪图层的不透明度，恢复一些清晰度，当然噪点也会被恢复一部分，如图8-5-9所示。

图8-5-8

图8-5-9

AI降噪：Topaz DeNoise AI

本节讲解另外一款非常好用的AI降噪软件：Topaz DeNoise AI ，近年来这个降噪工具非常流行，它可以对照片进行非常好的降噪处理，同时兼顾照片锐度，还可以针对不同的光感状态进行特定设置，从而得到更合理的降噪效果，比如可以对傍晚拍摄的弱光照片设定标准降噪，而对夜景下拍摄的星空照片进行高强度降噪。近年来这款插件深受广大摄影师的喜爱，下面我们来看具体的处理方法。

首先根据提示，将照片直接拖入中间的虚线框，就可以将照片打开。也可以单击"浏览图像"，找到要打开的照片将其载入，如图8-6-1所示。

图8-6-1

这里我们采用直接拖入照片的方式将照片打开，选中照片之后拖入中间的虚线框，然后松开鼠标，就可以将照片打开，如图8-6-2所示。打开之后可以看到当前的界面左侧是原照片，右侧是降噪之后的效果，如图8-6-3所示。

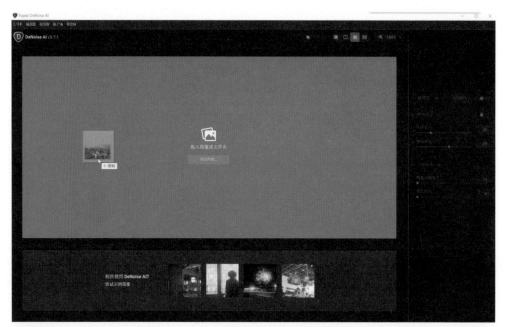

图8-6-2

图8-6-3

在右上方的导航图中可以改变观察位置,如图8-6-4所示,可以看到降噪之前噪点非常多,降噪之后噪点就非常少了,并且画面变得非常干净。

这是针对一般弱光在"标准"降噪状态下实现的降噪效果,如果是夜景星空我们可以选择"高噪点",这种方式降噪效果会更强烈,如图8-6-5所示。

图8-6-4

图8-6-5

降噪完毕之后，可以在下方设定"增强锐度"或"移除杂色"等选项，如图8-6-6所示。但大部分情况下没有必要进行设定，因为AI降噪的效果非常理想，可以看到右侧山体锐度保持得很好，地面景物锐度也非常好，而噪点几乎完全消除掉了，仿佛是在低感光度下拍摄的效果。这个工具是非常强大的，推荐大家使用。

图8-6-6

处理完毕之后单击"保存图像",如图8-6-7所示,点击之后可以设置降噪之后的文件名以及输出目录,这里设定"保存源目录",就是保存到原照片所在的位置,当然你也可以更改保存位置,这里我们就不再更改了,直接单击"保存图像",如图8-6-8所示,等待一段时间之后就存储完毕了。

图8-6-7

图8-6-8

8.7 AI像素扩充：Topaz AI Gigapixel

　　本节讲解借助AI软件对照片像素进行扩充的技巧。我们在拍摄一些生态鸟类等题材时，由于焦距不够长，拍摄的照片经常要进行大幅度裁切才能够放大主体对象，但是裁切之后照片的像素会变低，有时想要得到构图合理的照片，照片的长边尺寸只有1,000多像素，这种尺寸的照片只适合网络分享和传阅，如果要进行冲洗喷绘甚至投稿图库、参加比赛等尺寸都不够，使用Photoshop的直接放大功能，通过差值放大效果也不够理想，这时我们就可以借助一款比较智能的AI软件，对照片进行非常有效的像素扩充，并且能得到非常锐利的画面效果，这款软件是Topaz AI Gigapixel。

　　先看图8-7-1所示这张照片，当前已经放大到100%，照片的长边和宽边都是1,600像素左右，很明显尺寸是比较偏小的，接下来我们就使用Topaz AI Gigapixel对这张照片进行像素扩充。

图8-7-1

打开Topaz AI Gigapixel这款软件后会弹出一个初始界面，直接将其关掉，如图8-7-2所示。

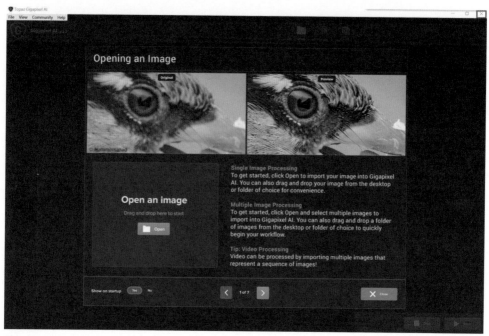

图8-7-2

然后在文件夹中选中要扩充像素的照片，将其直接拖动到这款AI软件的画框中间，如图8-7-3所示。

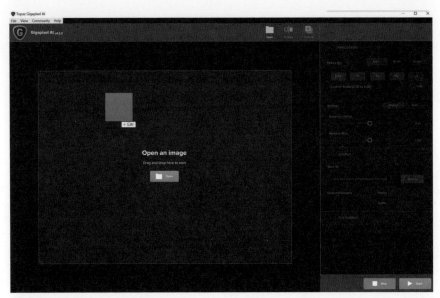

图8-7-3

　　此时可以看到，软件默认已经进行了一定程度的放大，在界面右侧可以改变放大的比例，如图8-7-4所示，有0.5倍、2倍、4倍、6倍等扩充比例。比如原照片尺寸的长边是1,600像素，扩充两倍之后就变为3,200像素。

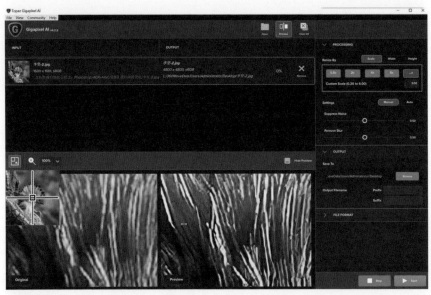

图8-7-4

　　我们对这张照片设定、3倍的像素扩充，单击6倍右侧的自定义选框，选中后在下方输入想要的倍数，这里我们输入"3"，此时可以看到默认生成的图像长边为4,800像素，如图8-7-5所示。

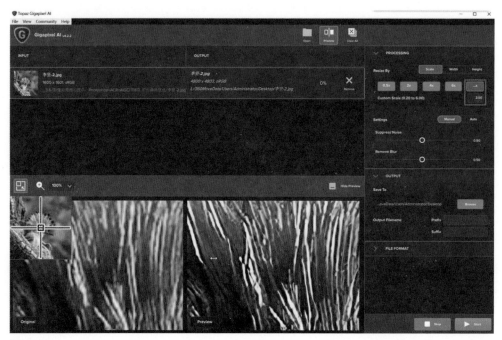

图8-7-5

　　完成后在下方可以设定要保存的位置，单击"Browse"，浏览要保存的位置，这里我们将其保存到桌面上，然后单击"选择文件夹"，如图8-7-6所示。

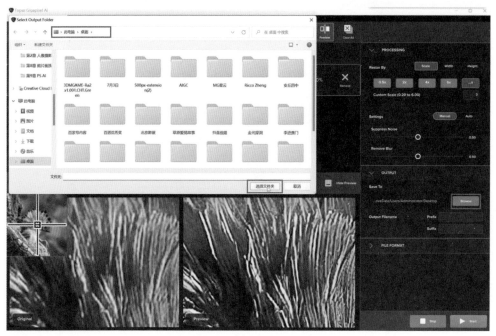

图8-7-6

至于输出之后的文件名，这里就不进行单独的设定了。当然对于转换时的一些设置，我们可以直接单击"Auto"，会由软件自动对扩充的画面进行AI处理，之后在界面的左侧可以定位进行观察，可以看到像素扩充之后，画面的锐利度反而进一步提升，并没有变得不清晰。然后直接单击"Start"，如图8-7-7所示。

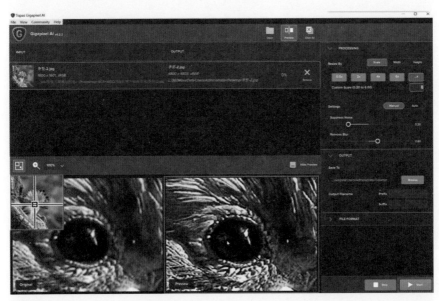

图8-7-7

　　我们需要等待一段时间，因为它要经过大量的运算才能完成像素扩充，所以速度相对来说比较慢，另外对计算机的运算性能要求也比较高，计算机越好，运算速度越快，扩充的速度就越快。扩充完成后如图8-7-8所示。

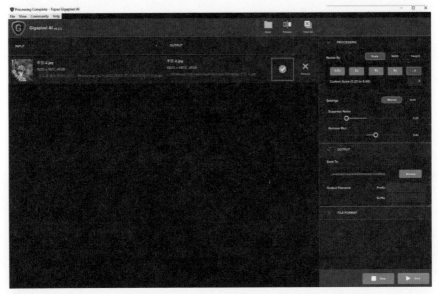

图8-7-8

打开扩充之后的照片，可以看到当前的显示比例为33%，足够清晰，如图8-7-9所示，我们将其放大到100%，如图8-7-10所示，可以看到像素扩充的效果是非常理想的，画面没有变得模糊，这就是使用Topaz AI Gigapixel这个软件对像素进行扩充的技巧。

图8-7-9

图8-7-10

CHAPTER 9

第 9 章
Photoshop AI
修图

最近几年Photoshop不断增加多种多样的AI修图功能，让Photoshop的智能
化越来越高，这些AI功能能够大幅度提高修图的效率，完成一些非常繁琐的功
能和操作，最终提高我们的效率，并且实现一些非常有创造性的效果。本章将
对各种不同的AI功能的使用进行详细介绍。

9.1 借助AI选择进行高效修图

9.1.1 一键选择主体对象

首先来看"主体选择"功能，这个功能已经集成到了"选择"菜单中，我们打开如图9-1-1所示这张照片。

图9-1-1

如果要将这只小猫手动从背景中抠取出来，是比较麻烦的，特别是边缘的一些绒毛。借助"主体选择"工具就可以快速将这只猫选择出来。具体操作如下，单击点开"选择"菜单，选择"主体"，如图9-1-2所示，软件经过计算就会识别出主体，并建立相对比较准确的选区，如图9-1-3所示。

图9-1-2

图9-1-3

放大之后我们可以看到，边缘虽然有一些绒毛没有包含在选区之内，如图9-1-4所示，这是由于这些绒毛的选择度不够所导致的，但实际上如果把主体提取出来，会发现是包含一些绒毛的。

图9-1-4

建立选区之后按键盘的"Ctrl+J"组合键，就可以将这个主体提取了出来，如图9-1-5所示。然后隐藏背景图层，将选取出来的主体放大，如图9-1-6所示，可以观察到猫耳朵的尖端是有一些绒毛的，也就说抠图的效果还是可以的。

图9-1-5

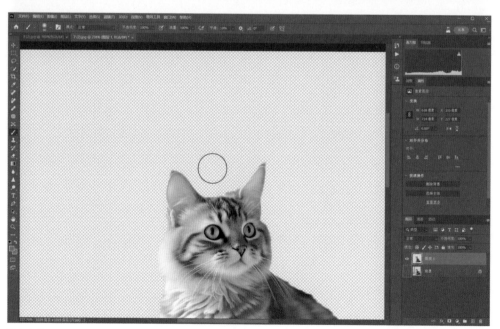

图9-1-6

当然对于一些比较虚的位置有时候抠图不是那么准确，但相对来说该功能已经极大程度地提高了工作效率，远比人手动抠图要快捷。这里我们就不着重讲解如何进行边缘调整了，后续讲解另一个AI功能——"发现功能"时，再详细介绍。

现在我们就已经将这只猫抠取了出来，此时可以将这只猫换一个场景或是换一个纯色的背景，要保存下这种抠图的状态，可以将当前的照片保存为TIFF格式或是PNG格式，这样抠取出来的这只猫就被作为单独的图层保存了下来。首先删掉背景图层，如图9-1-7所示。

图9-1-7

然后将照片存储为TIFF格式或是PNG格式，如图9-1-8和图9-1-9所示，后续将这张图片嵌入到网页或是PPT等软件中时，就不会再有背景的干扰。

图9-1-8

图9-1-9

241

9.1.2　AI天空选择与一键换天

接下来再来看与"主体选择"功能同一时期推出的"天空选择"功能，这个功能同样非常好用，它可以快速准确地帮我们为天空建立选区，为后续的换天等操作做好准备。

具体操作也非常简单，点开"选择"菜单，选择"天空"，就可以快速为天空建立选区了，如图9-1-10和图9-1-11所示，可以看到天空中有一些树枝被排除到了选区之外，而另外一些则被包含在了选区之内，实际上正如我们之前所说，这是由于选区的选择度所决定的，这种比较模糊的景物，在建立选区时就是如此。

图9-1-10

图9-1-11

接下来就可以进行换天等操作了，但不建议大家建立选区之后去手动换天，因为在同一时期 Photoshop还推出了一个依托"天空选择"功能而设的"天空替换"功能，我们先点开历史记录面板，回到照片打开时的状态，如图9-1-12所示。

图9-1-12

然后单击点开"编辑"菜单，选择"天空替换"，如图9-1-13所示，就可以打开"天空替换"界面，在对话框上方"天空"后面的列表中，可以选择不同的天空类型，我们选择想要替换的天空背景就可以了，如图9-1-14所示，可以看到之前建立选区时的树枝虽然比较模糊，但是换天之后效果还是非常不错的，显得非常自然。

图9-1-13

图9-1-14

接下来还可以选择不同的天空，这是一个逆光的场景并且光线比较暖，因此我们可以找一个比较暖的天空场景进行替换，如图9-1-15所示，可以看到替换之后天空变得非常干净，并且选区中依然保留了这些树枝，形成一个很好的过渡。

图9-1-15

原照片中的整个场景是比较亮的，也比较暖，我们换天之后，软件会自动进行色调的调整，让所换天空与地景的色彩融合度更高，这也是非常智能的一点，如果我们手动进行换天，换完天空之后，还要协调所替换天空的色调与地景的色调，相对比较繁琐，但是借助"天空替换"功能，就可以一步到位完成这种操作。

替换完毕之后可以在下方调整各种不同的参数，来改变替换的效果，如图9-1-16所示，当前的效果已经比较理想，所以没有必要进行过多的调整。

图9-1-16

实际上如果调整替换之后的天空与地景融合度非常不好，即便调整下方的参数，往往也不会特别合适，这说明选的天空素材有一些问题，只要选择的天空素材比较合理，特别是光线的照射方向、色调等都比较合理，软件就会自动进行天空与地景的色彩和影调协调。

替换完毕之后单击"确定"，如图9-1-17和图9-1-18所示，可以在图层面板中看到，Photoshop软件进行了大量的调整，从而协调天空与地景的色调。

图9-1-17

图9-1-18

9.2 Photoshop 发现功能与调整的集成

Photoshop自增加AI功能以来，将各种不同的AI功能逐渐融合，并且与其他的一般功能也逐渐结合起来，从而实现强大的修图效果。下面我们介绍Photoshop的"发现功能"。

9.2.1 打开发现功能

打开如图9-2-1所示的这张照片，接下来我们讲解如何快速把主体抠取出来，然后与软件中的"边缘调整"功能结合起来使用，从而实现更完美的抠图效果。

图9-2-1

我们将Photoshop的AI功能与一般工具相结合，来实现更好的抠图效果。按键盘上的"Ctrl+F"组合键，打开"发现功能"，如图9-2-2所示。

如果有很好的计算机基础，你就会知道"Ctrl+F"是查找的意思，在Photoshop中，按"Ctrl+F"可以调出发现对话框，其中有大量的功能介绍以及教程。关于教程，大家可以在有时间的时候查看，而我们真正要使用的就是"快速操作"，如图9-2-3所示。单击展开"快速操作"，可以看到其中有大量的功能，如图9-2-4所示，比如"移除背景""模糊背景""选择主体"等，无论是哪一种，本质都是最早的"主体选择"功能，例如"模糊背景"，是先为主体选择建立选区，然后保存好主体，再将背景排除掉或者选出主体再进行反选，选择了背景后对背景进行模糊。下方的选择主体也是如此。所以我们最早介绍的"主体选择"功能，是一个比较基础和核心的AI功能。

图9-2-2

图9-2-3

图9-2-4

9.2.2　选择主体

　　接下来我们就通过"选择主体"这个功能，来看看如何将选择主体与Photoshop的其他功能结合起来，实现更精准的选区操作，直接单击"选择主体"，如图9-2-5所示，等待一段时间之后我们可以看到，与之前使用选择菜单中的主体命令一样，软件会自动为这只猫建立一个选区，如图9-2-6所示。

图9-2-5

图9-2-6

9.2.3 调整主体边缘

要对主体边缘进行调整，我们可以使用Photoshop中的"选择并遮住"功能。我们对任何景物建立选区之后，如果要对选区边缘进行调整，都可以在Photoshop中单击"选择并遮住"，进行边缘调整。现在"选择并遮住"这个功能已经与AI功能结合在了一起，我们可以直接调用，所以直接单击"选择并遮住"即可，如图9-2-7所示。

图9-2-7

进入"选择并遮住"的界面，在其中可以选择不同的调整工具对边缘进行调整，比如选择"调整边缘"画笔工具，然后在这只猫的四周选择不够精准的位置上涂抹，从而让边缘的选择更准确，如图9-2-8所示。

另外我们还可以在右侧的参数中，通过移动边缘来改变选区的精度，这些都是"选择并遮住"本身就有的功能，只是我们在选择主体时将其调了出来，将这个功能与AI功能结合在了一起使用。

当然，现在AI功能与传统功能的结合有时会没有那么顺畅，这是因为当前最新的Photoshop版本还是测试版本，它的稳定性还有待提高。

使用"边缘调整"工具，通过"调整边缘画笔"工具在这只猫的边缘进行涂抹，从而改变所选择的区域，我们要注意的是红色区域是选区之外的区域，而正常色彩显示的是主体区域，如图9-2-9所示，可以看到有一些地板部分被过多地纳入了进来。

图9-2-8

图9-2-9

　　这个时候，我们就可以选择"减去"，从选区中擦掉过多选择进来的部分，如图9-2-10所示。

图9-2-10

　　接下来通过右侧的"边缘检测"来进行调整，主体右侧有一些绒毛被排除到了选区之外，我们向右滑动"移动边缘"滑块，让更多的绒毛被包含进来，如图9-2-11所示。

图9-2-11

　　通过对右侧多种参数的设定，我们优化了选区，最后单击"确定"即可，如图9-2-12所示。

图9-2-12

9.2.4 提取主体

　　建立选区之后再次按键盘上的"Ctrl+J"组合键，将主体提取出来，然后隐藏背景，如图9-2-13所示，可以看到这只猫边缘的绒毛比较自然，这是Photoshop"发现功能"的使用方法。

图9-2-13

9.2.5　其他发现功能

在"发现"界面返回，如图9-2-14所示，向下滑动查看其他功能，如图9-2-15所示，还有"平滑皮肤""选择背景""为老相片上色"等不同的AI功能，实际上像"平滑皮肤""老相片上色"等功能会更多出现在Neural Filters中，我们将在下一节中进行详细介绍。

其他功能大家可以自己探索。

图9-2-14

图9-2-15

 9.3　# 用 Neural Filters修图

本节讲解Photoshop中"Neural Filters"的使用方法。

9.3.1 进入Neural Filters界面

首先打开照片，如图9-3-1所示，然后单击点开"滤镜"菜单，选择"Neural Filters"，如图
9-3-2所示。

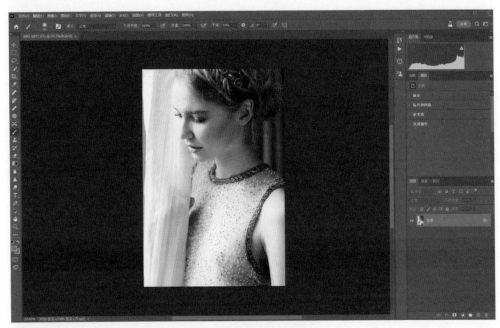

图9-3-1

图9-3-2

进入"Neural Filters"界面，可以看到有大量的可调整功能，如图9-3-3所示。

图9-3-3

我们可以根据当前已有的选项直接对这张照片进行相应调整，比如当前照片中人物的皮肤有一些粗糙，人物面部周边有一个蓝框，这表示软件已经检测到了人脸，如图9-3-4所示。

图9-3-4

9.3.2　皮肤平滑度

　　打开"皮肤平滑度"这个功能，如图9-3-5所示，此时再观察照片，可以发现软件自动对人物进行了磨皮操作，人物皮肤变得光滑了很多。

图9-3-5

　　如果我们要对比前后效果，可以单击下方的显示原图，然后再次单击显示调整之后的效果，如图9-3-6和图9-3-7所示，可以看到调整之后人物的皮肤好了很多。

图9-3-6　　　257

图9-3-7

　　另外，还可以在右侧提高"模糊"和"平滑度"，让人物皮肤的磨皮效果更强烈一些，皮肤会更显干净，如图9-3-8所示，但如果"模糊"和"平滑度"程度过高，就会导致人物的面部皮肤不够清晰、不够锐利，这和我们之前讲的降噪和锐化是一个道理。

图9-3-8

9.3.3 其他功能

除了可对人物的皮肤进行处理之外，下方还有大量的AI功能，如图9-3-9所示，比如"照片恢复"，能够实现修复老照片的效果；对于风景照我们可以通过"风景混合器"一键实现变换季节等处理。具体的操作都非常简单，大家可以选择合适的素材进行试验。

图9-3-9

要注意，这个滤镜一定要联网才能使用，初次使用时会发现很多功能需要单击右侧的"必须先下载此滤镜"，如图9-3-10所示，下载完这个滤镜，同时要保证软件处于联网状态才能使用。

图9-3-10

9.4 用AI生成式填充生成摄影大片

本节讲解Photoshop最新版增加的"生成式填充"功能，借助生成式的填充，可以很轻松地修掉照片中的杂物，并且不留痕迹；还可以将照片中的元素无痕地替换为另外一些物体；另外借助这个功能，我们可以仅凭借单一的主体进行无限扩充，将这个场景扩充为一张景别元素丰富的大场景的画面。

打开一张单一主体的照片，如图9-4-1所示，我们想要将照片扩充为有非常多景物，比如湖泊、野花、草原等大场景的风光画面。

图9-4-1

9.4.1 扩充画面

扩充之前先在工具栏中选择"裁切"工具，单击鼠标，画面出现裁剪线之后，向四周拖动裁切框的大小，扩充画面之后，在画面区域内单击鼠标左键，如图9-4-2和图9-4-3所示。

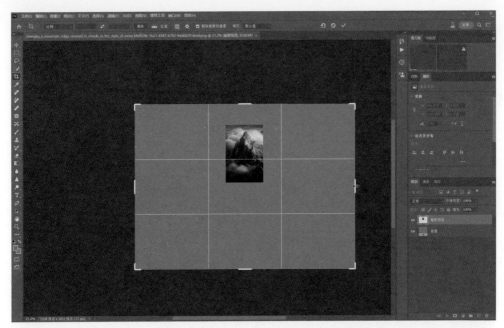

图9-4-2

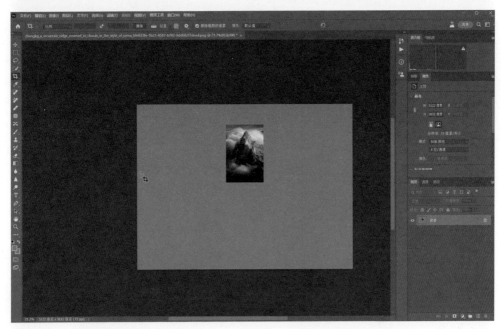

图9-4-3

9.4.2 框选区域

选择"选区"工具，框选出照片的大部分区域，四周要留出一定的像素，便于Photoshop进行识别，因为我们要填充的是四周的区域，如图9-4-4所示。

图9-4-4

单击鼠标右键，选择"选择反向"，对选区进行反向，如图9-4-5和图9-4-6所示。

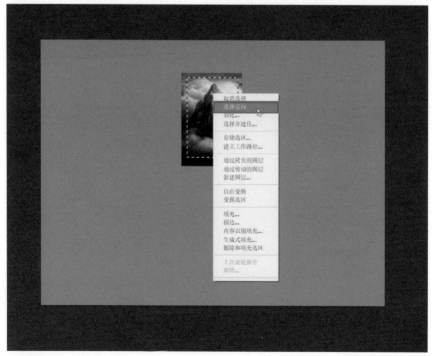

图9-4-5

图9-4-6

9.4.3　生成式填充

　　在选区内单击鼠标右键，在弹出的菜单中选择"生成式填充"，此时会弹出"创成式填充"的对话框，如图9-4-7和图9-4-8所示。我们选择的是"生成式填充"，这里弹出的是"创成式填充"，这说明这个功能还不算特别成熟，至少在软件的功能命名方面是有一些问题的，可能随着版本的成熟这些名称会逐步统一。

图9-4-7

图9-4-8

　　在之前的版本中，提示只支持英文输入，现在也支持中文输入了，Photoshop会根据我们输入的提示内容在四周填充景物，如果我们不提示直接单击生成，Photoshop会根据自己的理解随机进行景物的填充，如果我们输入一些提示词，Photoshop的填充会更有针对性。这里我们想要让山峰周围是一片草原的地貌，山下有湖泊，而机位附近有野花，这样整个场景就会非常美，为了提高生成的成功率，这里我们输入英文，后续大家自己尝试的时候可以直接在此输入中文。

　　使用翻译软件，将这样一段话翻译为英文，如图9-4-9所示，然后将这段英文复制下来，再贴入提示框中，单击"生成"，如图9-4-10所示。

图9-4-9

图9-4-10

　　生成速度并不依赖计算机的硬件性能，主要是靠网络，所以只要网速足够快，生成的速度也非常快，生成后的画面如图9-4-11所示，可以看到生成的效果是不错的，并且Photoshop会提供多种不同的生成效果供你选择。

图9-4-11

　　我们可以分别单击不同的生成效果来从中选择满意的，可以看到第二种比第一种更好一些，第三种跟第一种差不多，所以第二种更好一些，如图9-4-12和图9-4-13所示。

图9-4-12

图9-4-13

　　这样就完成了画面的生成式填充，可以看到画面由简单的一座山峰主体生成了景物素材非常丰富的大场景的优美自然风光。

9.4.4 再次填充

第一次填充完毕之后，还可以继续填充，填充出两侧更多的区域，然后在工具栏中选择"矩形选框"工具，选择比画面稍窄一点的范围，如图9-4-14所示，再进行反选，如图9-4-15所示。

图9-4-14

图9-4-15

再次对两侧区域进行"生成式填充",如图9-4-16所示,此时就没有必要再输入提示词了,直接由软件判断进行智能就可以了,因为当前的构图已经比较合理,我们没有必要再去做过多的限定,直接点击"生成",如图9-4-17所示。

图9-4-16

图9-4-17

可以看到,再次生成之后画面的构图就比较合理了,如图9-4-18所示,湖泊也比较完整,可以从三种填充效果中选择其中一种,喜欢哪一种就选择哪一种。

图9-4-18

9.5 用AI生成式填充修复照片

　　本节讲解Photoshop"生成式填充"的另外一项更重要的功能，它可以修掉照片中任何你不想要的景物，并且非常自然，这对于商业摄影师或人像摄影师来说是非常有用的，我们可以随心所欲控制画面中的景物和人物。

　　如图9-5-1所示这张照片，可以看到画面中的景物非常多。

图9-5-1

9.5.1 随机生成

我们想要将画面左侧几个比较大的水果拿掉，在工具栏中选择"套索"工具，将这些水果勾选出来，如图9-5-2所示，然后单击鼠标右键，选择"生成式填充"，如图9-5-3所示。

图9-5-2

图9-5-3

如果我们不做任何限定，软件可能会把这个位置处理干净，但也有可能会放上其他的一些东西，比较随机，因为这个地方有影子，所以彻底拿掉的可能性不是很大，大概率会补一些其他东西。我们一起来看一下，单击"生成"，如图9-5-4所示，等待一段时间之后填充完成，如图9-5-5所示，可以看到大部分水果被拿掉了，填充了一个红色的水果，并且在远处填充了一个类似核桃的东西，整体效果还是比较好的。

图9-5-4

图9-5-5

9.5.2 对比效果

　　还可以对比几种不同的填充效果，可以看到第二种效果是放了一个果盘，如图9-5-6所示；第三种效果是放了一个非常奇怪的东西，如图9-5-7所示。主要是因为这个地方有影子，它要放一个东西来产生阴影才能让画面更自然，如果没有任何东西，凭空出现阴影也是不合理的，像图9-5-5所示的第一种效果，影子就有问题。这就是不做任何提示自动生成的效果。

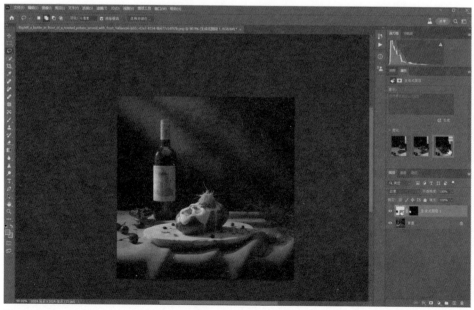

图9-5-6

图9-5-7

9.5.3 关键词生成

回到打开照片的步骤上，再次建立选区，然后单击鼠标右键选择"生成式填充"，如图9-5-8和图9-5-9所示。

图9-5-8

图9-5-9

　　输入提示词"替换为一个苹果"，单击"生成"，如图9-5-10和图9-5-11所示，可以看到画面中不仅生成了一个苹果，还附带了两个小的水果。

图9-5-10

图9-5-11

观察其他几种画面效果，可以看到这张照片只生成了一个苹果，如图9-5-12所示。

图9-5-12

Photoshop的"生成式填充"功能既可以移除杂物，也可以替换不同的景物，还可以凭空扩充照片，都能实现非常好的效果。可以说Photoshop的"生成式填充"功能是Photoshop近十几年以来最大的一次升级，颠覆性的进步改变了人们修图的方式，对以后的修图软件，甚至对使用修图软件的摄影师、平面设计师，都会产生非常大的影响，并且这种影响极其深远。